나의 수학 사춘기

차길영 지음

교보문고

수학이 어려운 당신에게
꼭 필요한 '수학 DNA'

학교에서 의무적으로 공부해야 하는 수학은 대부분의 사람들에게 까다롭고 골치 아픈 과목이다. 특히 수학은 투자하는 시간과 노력에 비해 성적이 잘 오르지 않아 더욱 부담스럽다. 그래서일까? 중·고등학교에는 이미 수학 공부를 포기해버린 '수포자'가 많다. 게다가 수능만 끝나면 더는 수학을 사용할 일이 없을 거라는 생각에 수학 공부에 대한 의욕도 쉽게 떨어진다. 이렇듯 모두가 힘들게 수학을 공부하지만 정작 수학을 배우는 이유는 잘 알지 못한다.

'우리는 왜 수학을 배워야 하는 걸까?'

교과서나 수학 문제집을 보면 보통 문제의 해답을 구하라고 하거나 물음표로 문장을 끝낸다. 이는 수학이 본질적으로 의문을 제기하고 그것을 해결하는 학문이라는 것을 의미한다. 의문을 갖는 것은 인간의 본성이다. 세상의 원리를 이해하기 위해 계속해서 질문을 던지고 답을 구하기 위해 끊임없이 생각한다. 이 과정에서 인류는 문화, 역사, 사회, 경제, 예술, 종교 등 수많은 분야의 발전을 이뤄냈다. 수학數學의 사전적 의미는 단순히 '수를 다루는 학문'이지만 고대 그리스어에 기원을 둔 'mathematics'라는 수학의 영문 단어에는 '배움의 기술'이라는 의미가 담겨 있다. 이처럼 수학은 숫자와 기호를 가지고 답을 도출해내는 것을 넘어 세상의 원리와 이치를 배울 수 있도록 도와주는 학문이다.

우리가 흔히 똑똑하다고 말하는 사람들의 공통점은 논리적 사고 능력이다. 이는 세상을 살아가는 데 가장 중요한 자질 중 하나다. 논리적 사고는 어떤 일에서든 체계와 질서를 명확하게 파악할 수 있게 해주고, 모든 일의 성공률을 높여준다. 따라서 세계적으로 널리 이름을 떨친 기업의 성장에 수학이 바탕하고 있다는 사실은 결코 놀라운 일이 아니다.

세계 최대 인터넷 기업인 구글의 출발점은 수학이다. 구글의 공동 창업자 세르게이 브린Sergey Brin은 스탠퍼드 대학교 박사 과정에서 응용수학을 전공했다. 이때 함께 공부하던 친구 래리 페이지Larry Page와 수학 알고리즘을 이용해 정교한 검색 엔진을 개발한 것이 바로 구글이다. 구글이라는 이름도 10의 100제곱을 뜻하는 수학용어인 구골googol에서 아이디어를 얻었다고 한다.

사람들의 흔한 착각 중 하나는 똑똑한 사람이 수학을 잘한다고 생각하는 것이다. 하지만 사실은 그 반대다. 똑똑해서 수학을 잘하는 게 아니라 수학을 공부하면 똑똑해지는 것이다. 수학이라는 미지의 세계에 빠져 상황과 문제를 파악하고, 합리적인 해법을 찾는 훈련을 하다 보면 자연스럽게 논리적 사고력을 기를 수 있다. 그러니 수학을 풀어야 할 '문제'나 '학생의 의무'라는 측면에서 접근하지 말고 이 세상을 더욱 즐겁고 당당하게 살아가기 위한 두뇌 훈련이자 사고 훈련이라고 생각하자. 이것이야말로 우리가 수학을 배워야 하는 진정한 이유다.

혁신, 창조경영의 아이콘이자 애플 창업자인 스티브 잡스Steve Jobs 역시 수학을 통해 성공을 거머줬었다. 경영권 분쟁으로 자신이 만든 회사에서 쫓겨난 그는 '픽사'라는 애니메이션 스튜디오를 인수했다. 그리고 그가 가장 먼저 한 일은 애니메이션과 전혀 상관없어 보이는 수학자들을 대거 고용한 것이었다. 그들은 사람의 손이 아닌 기하학, 미분과 같은 수학 공식을 이용해 〈토이 스토리〉를 제작했고 잡스는 유례없는 성공을 거두었다. 덕분에 애플의 CEO로 복귀한 그는 수학의 수식이나 기호같이 간결함을 추구하는 디자인과 성능을 가진 제품들을 앞세워 애플을 세계적 기업으로 성장시켰다.

세계 최고의 자산가로 알려진 마이크로소프트의 빌 게이츠Bill Gates 는 하버드 대학교 법학과에 입학했지만 이후 수학의 중요성을 깨닫고 응용수학을 공부했다. 그의 저서인 《빌게이츠@생각의 속도》, 《미래로 가는 길》 등에서 수학 공부가 자신의 인생과 성장에 얼마나 큰 자양분이 되었는지를 이야기하며 수학적 사고력과 상상력의 중요성을 강조했다. 그밖에 페이스북을 설립한 마크 저커버그Mark Zuckerberg, 팝스타 레이디 가가Lady GaGa 등 세계적으로 큰 영향력을 발휘하는 많은 사람들이 수학 천재로 알려져 있다.

수많은 정보가 넘치는 현대 사회에서 복잡한 데이터를 분석해 핵심 정보를 파악하고 다양한 시각으로 문제에 접근하기 위해서는 수학적 능력이 필요하다. 여러 분야에서 창의적이고 혁신적인 생각으로 세상에 없던 새로움을 개척한 사람들의 머릿속에는 '수학 DNA'가 심어져 있다. 이러한 '수학 DNA'는 자신이 원하는 목적지로 가는 가장 빠른 길, 가장 안전한 길, 가장 효율적인 길을 알려줄 뿐 아니라 생각지도 못한 위기에 직면했을 때도 가장 확실한 해결책을 제시해준다.

이제 우리가 수학을 공부해야 하는 가장 확실한 이유가 생겼다. 단순히 대학에 가기 위한 도구가 아니라 앞으로 펼쳐나갈 우리의 삶을 윤택하게 해주고 그 자체로 즐거움을 전해줄 학문이 바로 수학인 것이다. 여러분들이 이 책《나의 수학 사춘기》를 통해 머릿속에 수학 DNA를 심는 것은 물론 쉽고 재미있는 수학의 즐거움을 알고 풍성한 삶을 누릴 수 있기를 기대한다.

수학의 마술사 차길영

차례

5부
√ 볼수록 재미있는 수학 이야기

1부
√ 곱셈의 혁명

1 곱셈에 숨어 있는 신기한 법칙

나는 정말 수학 천재였을까?

어릴 적 우리는 학교에서 곱셈을 처음 배웠다. 그렇게 자란 우리는 대부분 곱셈법을 다음과 같이 기억할 것이다.

$$
\begin{array}{r}
2\,3 \\
\times\ \ 1\,7 \\
\hline
1\,6\,1 \\
2\,3\ \ \\
\hline
3\,9\,1 \\
\end{array}
$$

$\rightarrow 23 \times 7 = 161$
$\rightarrow 23 \times 10 = 230$
$\rightarrow 161 + 230 = 391$

하지만 나는 이런 방식으로 곱셈 계산을 해본 적이 없다. 내가 어렸을 때만 해도 우리나라에는 속셈과 주산 열풍이 한창이었다. 지금처럼 사고력 수학이나 심화 수학, 선행 수학이라는 단어 자체가 생소하던 시대였다. 나 역시 초등학교 6년 내내 매일같이 속셈학원에 다녔다. 물론 내가 원해서 간 것은 아니었다. 엄하기로 소문난 어머니 덕에 안 가겠다고 아무리 버텨도 어쩔 수 없어 울며 겨자 먹기로 학원에 다녔다.

그렇게 매일 속셈학원에 앉아 있다 보니 6학년 무렵에는 산수에 있어서만큼은 나름 도사의 경지에 올라 있었다. 같이 속셈학원에 다니던 친구끼리 '세 자리 곱하기 세 자리를 암산으로 풀면서 꿀밤 맞기 게임'을 하고 놀았으니 말해 무엇 하랴. 두 자리 곱셈 암산은 우리에겐 말 그대로 껌이었다.

어느덧 시간이 흘러 나는 중학교에 들어갔다. 그때는 지금과 달리 수학적 능력을 평가할 때 계산 실력을 매우 중요하게 여겼다. 속셈학원에서 갈고닦은 실력 덕에 계산이 빨랐던 나는 친구들 사이에서 '수학 천재'라는 별명으로 불렸다. 하지만 실상은 계산만이 빨랐을 뿐 '천재'라는 칭호가 붙을 정도는 아니었다.

어쨌든 수학 천재라는 소문은 학교에 빠르게 퍼졌고, 수학 시간이 되면 선생님은 나에게 수시로 두 자리 곱셈을 시키며 빨리 계산해보라고 재촉하곤 했다. 암산으로 1초 만에 계산해내면 반 친구들은 환호했고 선생님은 흐뭇한 얼굴로 고개를 끄덕였다. 그렇게 나는 수학 천재라는 이미지를 점점 확고하게 만들어갔다.

문제는 중학생이 된 후 맞이하게 된 첫 번째 중간고사였다. 시험 날짜가 결정되자 '내가 수학 천재가 아니라는 사실이 들통나면 어쩌지?' 하는 생각에 혼자 남은 날들을 마음 졸이며 보내야만 했다. 수학 천재라는 별명이 내 존재의 이유와도 같았던 시절이었으니, 그 자리에서 내려오는 일은 죽기보다 싫었다. 친구들과 선생님이 나를 더 이상 수학 천재로 인정하지 않는다는 사실은 내게 수치스러움만 가져다줄 것 같았다. 그런 생각을 할 때면 자다가도 벌떡 일어나 멍하니 고민에 잠기곤 했다.

'고민하는 시간에 차라리 공부를 해버리자.'

결국 책상에 앉아 수학 교과서를 펼쳤다. 다른 과목을 모두 제쳐두고 수학에만 올인하기로 결심했다. 죽도록 수학만 파면 뭐가 되어도 될 것이라는 생각으로 수학만 공부했다. 그렇게 첫 시험에서 단 한 문제만 틀려 95점을 받았다. 수학 선생님은 수업 시간에 들어와 점수를 불러주며 이렇게 말했다.

"어? 천재도 실수를 하네?"

세상에서 가장 쉬운 암산법

결국 내 의지와는 별개로 수학 공부가 시작되었다. 그리고 천재라는 타이틀을 빼앗기기 싫어 억지로 하게 된 공부는 어처구니없게도 나를 수학의 재미에 깊이 빠져들게 해준 계기가 되었다.

수학 천재라 불리는 즐거움에 흠뻑 취해 살던 시절, 나는 많은 사람들에게 현란해 보이는 두 자리 곱셈 암산법을 알려주곤 했다. 그러면 여기저기서 "우와!" 하는 감탄이 들려왔다. 덕분에 수학 공부를 게을리하지 않을 수 있었다. 여러분도 이 책을 읽고 나면 '두 자리 암산쯤은 너무 쉽지!' 하는 생각과 함께 수학 천재 소리를 얼마든지 들을 수 있을 것이다.

내가 알려줄 두 자릿수 암산은 익혀두기만 하면 계산이 빨라지는 것은 물론 정확도도 높아진다. 이는 곧 자신감의 상승으로 이어진다. 나는 오랜 시간 학생들에게 수학을 가르쳐오면서 아무리 학생의 실력이 나빠도 어지간해서는 포기하는 법을 몰랐다. 하나 고3 학생이 단순한 계산 실수로 쉬운 문제를 몇 개씩 틀리는 경우를 볼 때면 나도 모르게 힘이 쏙 빠지고 포기하고 싶은 생각이 들기도 한다. 수능이 얼마 남지 않은 아이에게 곱하기를 연습시킬 수도 없는 노릇이니 좀처럼 답이 보이지 않아서다. 이런 문제로 고민하는 사람들을 위해 단 2초 만에 웬만한 계산의 정답을 맞힐 수 있는 마술 같은 암산법을 알려주겠다. 쉬운 것부터 하나씩 차례로 도전해보자.

먼저 1로 시작하는(십의 자릿수가 1인) 두 자릿수 곱셈부터 시작해보자. "12 × 14는?" 하고 물었을 때 즉각 대답할 수 있는가? 이를 위해서는 첫 번째 숫자 12에 두 번째 숫자 일의 자릿수 4를 더한다. 즉 12 + 4 = 16임을 확인한다. 그다음 첫 번째 숫자와 두 번째 숫자의 일의 자리끼리 곱한다. 2 × 4 = 8임을 확인한다. 첫 번째 계산 결과에 0을 붙여 160을 만들고 두 번째 계산 결과를 더해주면 해답을 얻을 수 있다. 160 + 8 = 168이 된다. 계산 과정을 한눈에 볼 수 있도록 정리하면 다음과 같다.

$$
\begin{array}{r}
12 \\
\times\ 14 \\
\hline
16 \quad \rightarrow 12+4 \\
8 \quad \rightarrow 2\times4 \\
\hline
168
\end{array}
$$

같은 방법으로 12 × 17도 풀어보자.

$$
\begin{array}{r}
1\,2 \\
\times\ \ 1\,7 \\
\hline
1\,9 \quad \rightarrow 12+7 \\
1\,4 \quad \rightarrow 2\times7 \\
\hline
2\,0\,4
\end{array}
$$

이 계산법이 탁월한 이유는 무엇일까? 우리가 배운 곱셈 방식은 보통 '곱하기 → 곱하기 → 더하기' 순으로 계산했다. 반면 이 계산법은 '더하기 → 곱하기 → 더하기' 순으로 진행한다. 처음을 곱셈 대신 더하기로 시작하는 데다 일의 자리만 곱하면 되기 때문에 훨씬 쉽고 단순하게 계산할 수 있다. 이렇게 우리는 10부터 19 사이의 수를 쉽고 빠르게 곱하는 방법을 알게 되었다. 그러니 이제 1로 시작하는 두 자릿수 곱셈은 반드시 암산으로 계산하자.

이번에는 제곱수 차례다. 특히 11의 제곱부터 19의 제곱까지는 너무도 중요하므로 반드시 외우고 있어야 한다. 대부분의 학생들이 15의 제곱까지는 잘 외우고 있다. 문제는 16의 제곱부터 19의 제곱까지이다. 반드시 암기하고 있어야 하지만 잊어버렸어도 걱정할 필요는 없다. 방금 배운 계산법으로 얼마든지 빠르게 암산해낼 수 있으니까. 이왕 하는 김에 11의 제곱부터 계산해보자.

11의 제곱	12의 제곱	13의 제곱
$\begin{array}{r} 11 \\ \times\ 11 \\ \hline 121 \end{array}$	$\begin{array}{r} 12 \\ \times\ 12 \\ \hline 144 \end{array}$	$\begin{array}{r} 13 \\ \times\ 13 \\ \hline 169 \end{array}$

14의 제곱	15의 제곱	16의 제곱
$\begin{array}{r} 14 \\ \times\ 14 \\ \hline 18 \\ 16 \\ \hline 196 \end{array}$	$\begin{array}{r} 15 \\ \times\ 15 \\ \hline 20 \\ 25 \\ \hline 225 \end{array}$	$\begin{array}{r} 16 \\ \times\ 16 \\ \hline 22 \\ 36 \\ \hline 256 \end{array}$

17의 제곱	18의 제곱	19의 제곱
$\begin{array}{r} 17 \\ \times\ 17 \\ \hline 24 \\ 49 \\ \hline 289 \end{array}$	$\begin{array}{r} 18 \\ \times\ 18 \\ \hline 26 \\ 64 \\ \hline 324 \end{array}$	$\begin{array}{r} 19 \\ \times\ 19 \\ \hline 28 \\ 81 \\ \hline 361 \end{array}$

어떤가? 너무 간단하지 않은가? 두 자릿수 곱셈은 절대로 복잡하거나 어려운 문제가 아니다. 계산법에 숨어 있는 신기한 법칙만 알아도 얼마든지 쉽고 빠르게 계산할 수 있다. 남들은 열심히 머리 굴리며 계산하고 있을 때 척척 정답을 내놓는 즐거움은 덤이다.

2 이렇게 쉽고 재미있는 곱셈이라니!

두 자릿수 곱셈 완전 정복

지금부터 내가 소개하는 계산법을 익힌다면 사람들에게 '수학 천재'라는 소리를 듣게 될 것이다. 동시에 '곱셈이 이렇게 쉽고 재미있는 것이었다니!'라는 생각이 저절로 들 것이다.

우선 십의 자리 숫자가 같고 일의 자리 숫자를 더했을 때 10이 되는 경우의 곱셈에 대해 살펴보자. 이때는 십의 자릿수끼리 곱한 값에 십의 자릿수를 하나 더한 결과와 일의 자릿수끼리 곱한 결과를 차례대로 적어주면 된다. 십의 자릿수가 7이고 일의 자릿수는 각각 6과 4로 합하면 10이 되는 숫자인 76 × 74를 계산해보자.

$$\begin{array}{r} 7\ 6 \\ \times\quad 7\ 4 \\ \hline 5\ 6\ 2\ 4 \end{array}$$

$$\underset{7\times7+7}{\downarrow}\qquad\underset{6\times4}{\downarrow}$$

결과가 놀랍지 않은가? 우리가 곱셈 과정에서 가장 많이 실수하는 올림 계산이 없어도 두 자릿수의 곱셈을 계산할 수 있다. 조금 더 연습해보자.

$$\begin{array}{r} 4\ 2 \\ \times\quad 4\ 8 \\ \hline 2\ 0\ 1\ 6 \end{array} \qquad \begin{array}{r} 4\ 5 \\ \times\quad 4\ 5 \\ \hline 2\ 0\ 2\ 5 \end{array}$$

$$\underset{4\times4+4}{\downarrow}\quad\underset{2\times8}{\downarrow}\qquad\qquad\underset{4\times4+4}{\downarrow}\quad\underset{5\times5}{\downarrow}$$

이때 $7 \times 7 + 7 = (7 + 1) \times 7 = 8 \times 7$, $4 \times 4 + 4 = (4 + 1) \times 4 = 5 \times 4$ 라고 할 수 있으므로 십의 자릿수가 같을 때는 십의 자릿수에 1을 더해 십의 자릿수와 곱하고 일의 자릿수끼리 곱한 숫자를 차례대로 적어도 된다.

이번에는 반대로 십의 자릿수의 합이 10이고 일의 자릿수가 같은 경우를 한번 계산해보기로 하자. 앞의 곱셈법보다는 조금 더 주의를 요하는 계산 방법이지만 일반적인 곱셈 계산보다는 훨씬 간단하고 쉽다고 자신한다.

이럴 때는 십의 자릿수끼리 곱한 값에 일의 자릿수를 하나 더한 결과와 일의 자릿수끼리 곱한 결과를 차례대로 적어주면 된다. 한번 실제로 계산해보자.

$$
\begin{array}{r}
7\ 6 \\
\times \quad 3\ 6 \\
\hline
2\ 7 \quad 3\ 6 \\
\end{array}
$$

$$
\underset{7\times3+6}{\downarrow} \qquad \underset{6\times6}{\downarrow}
$$

 이런 마술 같은 계산법을 모른 채 수학을 포기한다니! 이보다 안타까운 일도 없을 것이다. 수포자는 수학이 어렵다고 느끼는 순간 탄생한다. 구구단은 툭 치면 나올 정도로 달달 외웠지만, 두 자릿수 곱셈의 복잡함에 많은 사람들이 수학이 만만치 않다는 사실을 깨닫곤 한다.

 하지만 손쉽게 계산할 수 있는 곱셈법 몇 가지만 알고 있으면 곱셈은 절대로 복잡한 게 아니라 재미있다는 것을, 수학은 포기하는 것이 아니라 조금씩 정복된다는 것을 느낄 것이다. 언제 어디서든 곱셈 암산이 가능한 비장의 무기가 될 수 있도록 조금 더 완벽하게 연습해보자.

$$
\begin{array}{r}
2\ 5 \\
\times \quad 8\ 5 \\
\hline
2\ 1 \quad 2\ 5 \\
\end{array}
\qquad\qquad
\begin{array}{r}
4\ 8 \\
\times \quad 6\ 8 \\
\hline
3\ 2 \quad 6\ 4 \\
\end{array}
$$

$$
\underset{2\times8+5}{\downarrow} \quad \underset{5\times5}{\downarrow}
\qquad\qquad
\underset{4\times6+8}{\downarrow} \quad \underset{8\times8}{\downarrow}
$$

새로운 계산법, 새로운 사고 능력
 이번에는 64×88처럼 십의 자릿수와 일의 자릿수의 합이 10인 수와 십의 자릿수와 일의 자릿수가 같은 수의 곱셈이다. 먼저 두 수의 십의 자릿수 숫자를 곱한 값에 십의 자릿수와 일의 자릿수가 같은 수를 더한다(6×8+8). 그리고 각 수의 일의 자릿수끼리 곱한다(4×8). 처음 계산한 결과와 두 번째 계산 결과를 나란히 배치하면 정답을 구할 수 있다. 곧바로 연습해보자.

```
        6  4
  ×     8  8
  _____
  5  6  3  2
     ↓     ↓
   6×8+8  4×8
```

```
        3  3
  ×     8  2
  _____
  2  7  0  6      (물론 33×82와 82×33은 결과가 같다)
     ↓     ↓
   3×8+3  3×2
```

```
        3  7
  ×     5  5
  _____
  2  0  3  5
     ↓     ↓
   3×5+5  7×5
```

지금까지 다양한 두 자리 자연수의 곱셈 방법에 대해 설명했다. 일반적으로 수학은 하나의 문제에 하나의 정답이 존재한다. 때문에 풀이 과정도 하나뿐일 것이라 생각하는 경우가 많다. 하지만 수학 문제는 다양한 풀이 과정을 통해 정답을 구할 수 있다. 다채로운 알고리즘과 계산 체계를 배우면 기존에 배웠던 방식을 벗어난 새로운 사고를 얻는 것이 가능하다. 앞에서 소개한 방법 외에도 수학이 술술 풀리는 재미있는 계산법이 많다. 이러한 방법을 익히게 되면 계산이 즐거워지고 수학에 흥미를 느낄 수 있다.

<u>3</u> 수학 2등급은 모르는 1등급의 진실

모범 답안을 버려라

지금까지 다양한 방식의 곱셈을 계산하느라 머릿속이 숫자로 가득 차 있을 테니 잠시만 옆길로 새서 쉬는 시간을 가져보자.

예전에 〈수학 2등급은 모르는 1등급의 진실〉이라는 영상을 촬영한 적이 있다. 이미 다양한 강연에서 여러 번 이야기한 내용이지만, 그만큼 중요하기에 이 책에서 다시 한번 언급하려고 한다. 수학 성적이 1등급부터 9등급까지인 학생들은 저마다 다른 성향을 보인다. 2등급은 수학 실력도 좋고 끈기도 있으며 열심히 노력하는 학생 군이다. 이들은 공부를 하다가 모르는 문제가 나오면 열심히 모범 답안을 익히며 성실하게 반복해 자기 것으로 만든다. 그러면서 이렇게 공부하면 곧 수학 1등급이 될 것이라고 생각한다. 하지만 2등급에서 1등급으로 진입하는 학생들은 극소수에 불과하다. 1등급이 되지 못한 2등급 학생들은 자신의 실패를 '노력 부족' 때문이라며 자책한다.

하지만 그들이 수학 1등급 진입에 실패한 이유가 노력 부족만은 아니다. 그동안 무수히 많은 1등급 학생들을 보면서 깨달은 사실이 있다. 그들은 수학 문제를 풀 때 반드시 모범 답안대로 풀지만은 않는다는 것이다. 모범 답안보다 훨씬 효율적인 풀이 방법을 배웠거나 공부하는 과정에서 스스로 만들어낸 나름의 계산 방법을 사용했다. 덕분에 모범 답안대로 풀 경우에는 5분이 걸릴 문제도 30초 만에 척척 풀어내곤 한다.

결국 우리가 '수학을 잘한다'라고 생각하는 사람들은 문제를 보고 정해진 방식이 아닌 더욱 잘 풀 수 있는 방식으로 계산하고 있는 것이다. 이처럼 2등급과 1등급은 생각하는 방법에 차이가 존재한다. 우리가 앞서 이야기한 곱셈의 단순한 계산법 또한 같은 맥락이다.

제한시간 내에 푸는 것이 핵심이다

우리나라 학생들은 수학 공부에 많은 시간과 비용을 투자한다. 수학 시험을 잘 보고 싶어 하기 때문이다. 하지만 가장 중요한 핵심을 놓치고 있다.

'수학을 잘하는 것과 수학 시험을 잘 보는 것은 다르다.'

지금까지 학생들을 가르치면서 수학 실력은 좋은데 시험 결과는 좋지 않은 학생들을 많이 보아왔다. 심지어 수학 올림피아드에서 금상을 받았음에도 내신 수학은 늘 80점대에 머무르는 경우도 있었다.

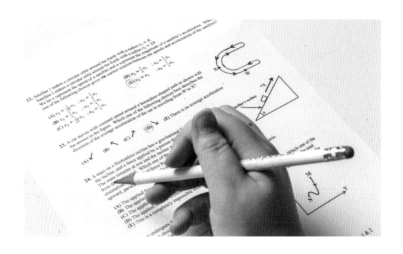

대체 무엇이 문제일까?

학생들의 수학적 능력은 시험을 통해 측정한다. 그런데 시험에는 시간제한이 있다. 즉 수학 문제를 그냥 잘 푸는 것이 중요한 게 아니라 '정해진 시간 내에' 잘 풀어야 하는 것이 수학 시험을 잘 보는 핵심이다. 학생들은 수학 공부는 열심히 해도 정작 정해진 시간 안에 문제를 푸는 연습은 잘 하지 않는다. 수학에서는 특히나 시간이 중요하다. 그럼에도 정해진 시간 내에 문제를 풀어보는 실전 연습을 하지 않는다니 정말 놀라울 정도다.

보통 중·고등학교 내신 시험은 45~50분 동안 25문항을 계산하는 방식이다. 한 문제당 풀이할 수 있는 시간이 2분도 되지 않는다. 더 충격적인 것은 25문항 속에 서술형 평가가 포함되어 있다는 사실이다. 일반적으로 서술형 평가는 100점 중 30~40점 정도의 비중을 차지한다. 결과적으로 마킹하는 시간을 제외하면 한 문제당 1분 40초 안에 모든 풀이를 해결해야 하는 셈이다. 2분도 되지 않는 시간에 수학 문제를 푼다는 것은 결코 쉬운 일이 아니다.

고등학교 모의고사와 수학능력시험은 100분 동안 30문항을 풀어야 한다. 한 문제당 3분 20초 안에 모든 문제를 계산해야 한다는 의미다. 평균적으로 수능에서 가장 어려운 수학 문제는 풀이 과정에만 9분 이상의 시간이 걸린다고 한다. 그러니 실질적으로는 한 문제당 3분 내외의 시간에 모두 풀어야 한다고 봐야 할 것이다.

게다가 평소 집에서 문제집이나 모의고사 예상 문제를 풀고 채점한 결과와 실제로 시험을 치르고 채점한 결과가 비슷할 것이라 생각하는 것은 큰 착각이다. 가령 집에서 수학 문제를 풀어보니 한 페이지당 평균 두 문제를 틀렸다고 하자. 결과를 확인하고 '내 실력이 이 정도구나' 하고 생각하기 십상이다. 하지만 실제 시험 점수는 이보다 훨씬 낮을 것이다. 문제집을 풀 때는 시간제한이 없기 때문이다.

어느 날 학교에서 수학 시험을 보고 돌아온 딸에게 엄마가 물었다.

"오늘 수학 시험에서 몇 개 틀렸니?"

"두 개요."

"아유, 아까워라!"

"쉬는 시간에 다시 풀어보니 충분히 맞힐 수 있는 거였는데, 저도 너무 아까워요!"

"저런!"

누구나 한 번쯤 경험해봤을 법한 일이다.

쉬는 시간에 다시 풀어봤을 때 맞힌 문제이니 다음 시험에서는 절대로 틀리지 않을 것이라 생각한다. 하지만 이 학생은 다음 시험에서도 그 두 문제를 틀릴 가능성이 높다. 문제를 맞히지 못한 원인을 제대로 찾지 못했기 때문이다. 진짜 원인은 바로 '시간 부족'이다.

결국 수학 시험을 잘 보기 위한 방법은 하나의 결론에 이른다. 평소에 '시험 시간 내에 문제를 푸는 연습'을 열심히 해야 한다는 것이다. 2분 안에 풀어야 할 문제를 4분 만에 푼다는 것은 수학적 문제 해결 능력을 갖췄을지는 몰라도 주어진 시간 안에 해결하지 못한다는 것과 같기 때문이다. 이럴 때는 실력도 아무런 의미가 없다. 결과적으로 시험에서 그 문제는 틀린 것과 다름없으니 말이다. 그러니 제한 시간을 정해놓고 문제를 푸는 연습을 일주일에 한 번은 반드시 하자. 2분 안에 한 문제를 푸는 연습을 꾸준히 하는 것이다. 특히 쉽고 간단한 문제를 푸는 시간을 줄여 고난도 문제를 풀 시간을 마련하는 것이 좋다. 이렇게 함으로써 전체적으로 시험 시간을 조절하는 능력을 길러야 한다. 이런 연습이 반복되면 계산 실수가 줄어드는 것은 물론 슬슬 자신감도 생긴다.

시간을 재서 실전처럼 연습하는 것은 비단 시험만이 아니다. 가장 쉬운 예로 국가대표 축구선수들은 90분간의 연습을 정기적으로 진행한다. 축구 경기 시간에 맞춘 것이다. 시간 연습 없는 슈팅, 코너킥, 세트 훈련은 의미 없다. 이 모든 훈련이 정해진 시간 동안 진행되었을 때 실전에서 연습 결과가 빛을 보일 것이다. 수학도 마찬가지다. 무조건 많은 문제를 풀기보다 정해진 시험 시간에 맞춰 정해진 문항을 푸는 연습을 꾸준히 해왔을 때 비로소 진짜 시험에서 노력의 결과를 얻을 수 있다.

지금 이 책을 보고 있다면 아직 늦지 않았다. 당장 오늘부터 50분에 25문제를 풀어보는 연습을 시작해보자. 수학 2등급에서 1등급으로 가는 새로운 길이 보일 것이다.

$\underline{4}$ 수학이 술술 풀리는 곱셈법

종이와 연필이 필요 없는 트라첸버그 계산법

다시 곱셈 암산법으로 돌아와 보자. 앞에서 이야기한 다양한 계산법을 외우기 어렵다면 다음 계산법에 주목할 필요가 있다. 이 계산법은 모든 두 자릿수의 곱셈에 적용되기 때문이다. 두 자릿수의 곱셈법을 누구보다 빨리 계산했던 우크라이나 출신의 유대인 야곱 트라첸버그Jakow Trachtenberg는 러시아의 무기 공장에서 수석 엔지니어로 일하던 중 1917년 '10월 혁명'이라 불리는 러시아 혁명이 일어나자 독일로 이주해 베를린에 정착했다. 그러나 그는 히틀러를 비판하고 나치 정권에 반대하면서 위험에 처했다. 아내와 함께 오스트리아의 빈으로 이주했지만 독일이 오스트리아를 합병하면서 나치에 체포되어 제2차 세계대전 중 나치 수용소에 수감되고 말았다. 그는 투옥 기간 중 자신만의 암산 계산법을 연구하기 시작했다. 전쟁이 끝난 후 그는 스위스로 건너가 자신이 개발한 암산 계산법을 학생들에게 강의했다. 그의 독창적인 계산법은 종이와 연필도 없이 오직 머릿속으로만 계산하는 것으로, 트라첸버그 계산법이라 불리며 교육계에 큰 반향을 일으켰다. 그 방법은 다음과 같다.

$$
\begin{array}{r}
\ \ 4\ \diagup\ 2 \qquad ①\ 2\times3=6 \\
\times\ \ \ \ 1\ \diagdown\ 3 \qquad ②\ \underline{4\times3+2\times1=14} \\
\hline
5\quad 4\quad 6 \qquad ③\ 4\times1=4\ +1(②번\ 십의\ 자릿수)\ \to 5
\end{array}
$$

우선 두 숫자의 끝 자릿수를 곱한 결과를 일의 자릿수에 적는다(①의 과정). 이때 곱한 결과가 두 자릿수일 경우 십의 자릿수는 다음 계산 결과에 더한다는 것을 기억하자. 다음은 대각선의 수끼리 곱한 뒤 더한 결과의 일의 자릿수를 앞자리에 적는다(②의 과정). 이때 역시 계산한 숫자가 두 자릿수일 때 십의 자릿수는 다음 계산 결과에 더해준다. 마지막으로 두 숫자의 십의 자릿수를 곱한 결과를 가장 앞자리에 적어주면 된다. 물론 앞의 계산에서 나온 십의 자릿수가 있다면 더해줘야 한다(③의 과정).

우리도 트라첸버그만큼 빨리 계산할 수 있도록 다음 페이지를 보면서 좀 더 연습해보자.

$$\begin{array}{r} 3\ \diagdown\ 2 \\ \times\quad 1\ \diagup\diagdown\ 6 \\ \hline 5\quad 1\quad 2 \end{array}$$

① 2×6=12

② 3×6+2×1=20 +1(①번 십의 자릿수) → 1

③ 3×1= 3 +2(②번 십의 자릿수) → 5

$$\begin{array}{r} 3\ \diagdown\ 4 \\ \times\quad 5\ \diagup\diagdown\ 7 \\ \hline 1\quad 9\quad 3\quad 8 \end{array}$$

① 4×7=28

② 3×7+4×5 = 41 +2(①번 십의 자릿수) → 3

③ 3×5 =15 + 4(②번 십의 자릿수) → 19

알면 알수록 신기한 계산법

이번에는 두 자릿수의 곱셈을 빠르게 할 수 있는 멋지고 특이한 방법을 소개하려고 한다. 시각적인 방법이므로 반드시 눈으로 보면서 배워야 한다. 고대 중국인은 유럽보다 훨씬 이전에 종이, 인쇄술, 나침반을 발명했다. 또한 대나무 막대인 산가지를 계산 도구로 사용했다. 십의 자릿수와 일의 자릿수의 산가지를 가로, 세로 순서로 배열하는 것이다. 이를 이용해 곱셈, 뺄셈, 덧셈, 나눗셈 모두 가능하다.

우리는 곱셈법을 알아보려 한다. 먼저 21 × 13을 계산해보자. 21의 십의 자릿수와 일의 자릿수를 위아래로 비스듬하게 선을 긋는다. 13 역시 같은 방식으로 21의 선과 교차하도록 선을 긋는다. 이때 생긴 각 영역의 교점 수를 나열하면 손쉽게 273이라는 답을 얻을 수 있다. 한 부분의 교점 수가 두 자릿수일 때는 십의 자릿수를 다음 교점으로 올린다. 같은 방법으로 24 × 16도 계산할 수 있다. 다음 그림을 보자.

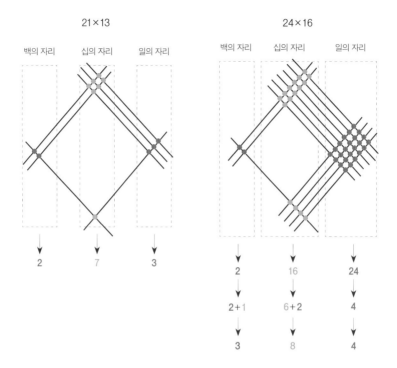

산가지를 이용해 계산한 24 × 16 = 384이다.

　이렇듯 신기하고 재미있는 곱셈법이 우리가 지금 사용하는 곱셈법 이전에 사용되었다고 하니 놀라울 따름이다. 이런 방식으로 계산한 결과가 과연 맞는 것인지 의심스럽다면 계산기를 사용하는 것보다 조금 더 신기한 검산법을 이용해 확인할 수 있다.

　바로 오래전부터 사용된 '구거법'이라는 것이다. 9를 버린다는 뜻의 구거법은 다양한 방식이 있지만 각 자리의 수를 더하면서 9가 되면 버리는 방법이 가장 간단하다. 곱셈의 구거법은 곱해지는 수에서 더했을 때 9가 되는 숫자를 버리고 남은 숫자를 곱해 한 자릿수로 만든 검사 수, 그리고 곱셈을 한 결과 수에서 더했을 때 9가 되는 숫자를 버리고 남은 숫자를 더해 한 자릿수로 만든 검사 수가 일치하는지를 알아보는 검산법이다.

예를 들어 34 × 67 = 2278이 맞는지 구거법으로 검산해보자. 먼저 곱해지는 수 34 × 67의 검사 수를 구해보자. 더해서 9가 되는 3과 6을 제외한 숫자 4 × 7 = 28이다. 2와 8을 더해 한 자릿수로 만들면 2 + 8 = 10이고 10은 다시 1 + 0 = 1이 된다. 따라서 검사 수는 1이다. 이번에는 2278의 검사 수를 구해보자. 더해서 9가 되는 2와 7을 제외한 숫자는 2와 8이다. 이를 더하면 2 + 8 = 10이고 10을 다시 더해 한 자릿수로 만들면 1 + 0 = 1이 된다. 두 개의 검사 수 모두 1이므로 34 × 67 = 2278은 계산이 맞다는 검산 결과가 나온다.

이 외에도 다른 방식의 검산법이 있다. 먼저 계산한 결과의 숫자를 모두 더해 한 자릿수의 검사 수를 만든다. 그다음 곱해지는 두 수를 이루는 각각의 숫자를 더한 뒤 이를 다시 곱한다. 그렇게 나온 숫자를 더해 한 자릿수의 검사 수를 만들어 비교했을 때 두 검사 수가 같으면 계산이 맞는 것이다. 다음 예시를 살펴보자.

$$
\begin{array}{rr}
& 4 \quad 2 \\
\times & 1 \quad 3 \\
\hline
5 & 4 \quad 6 \\
\end{array}
\qquad
\begin{array}{l}
4 + 2 = 6 \\
\times \quad 1 + 3 = 4 \\
\hline
6 \times 4 = 24 \\
\end{array}
$$

5 + 4 + 6 = 15
1 + 5 = 6

2 + 4 = 6

$$
\begin{array}{rr}
& 2 \quad 4 \\
\times & 1 \quad 6 \\
\hline
& 3 \quad 8 \quad 4
\end{array}
\qquad
\begin{array}{r}
2+4=6 \\
\times \quad 1+6=7 \\
\hline
6 \times 7 = 42
\end{array}
$$

$$
\begin{array}{cc}
3+8+4=15 & \\
1+5=6 & 4+2=6
\end{array}
$$

이 검산법은 곱하는 수의 자릿수에 상관없이 항상 성립한다. 물론 세 자릿수 곱하기 세 자릿수에서도 성립한다.

마지막으로 소개할 곱셈법은 나눗셈을 활용한 곱셈이다. 어떤 수에 25를 곱한다고 하자. 25는 100을 4로 나눈 수이므로 곱하려는 수에 100을 4로 나눈 분수 $\frac{100}{4}$을 곱하면 계산에서 약분이 되어 간단하게 답을 구할 수 있다.

$$
84 \times 25 = \overset{21}{\cancel{84}} \times \frac{100}{\underset{1}{\cancel{4}}} = 21 \times 100 = 2100
$$

이 곱셈법은 어떤 수에 25를 곱할 때($\frac{100}{4}$), 125를 곱할 때($\frac{1000}{8}$)와 같은 상황에 용이하게 사용할 수 있다.

$$
72 \times 125 = \overset{9}{\cancel{72}} \times \frac{1000}{\underset{1}{\cancel{8}}} = 9 \times 1000 = 9000
$$

$\underline{5}$ 절대 수포자가 되지 않는 곱셈 공식

알아두면 유용한 곱셈 공식

초등학교 곱셈에 구구단이 있듯이 중·고등학교의 곱셈은 몇 가지 곱셈 공식만 외우면 계산이 어렵지 않다. 이들 공식은 수포자들을 만들어 내는 공식이기도 하지만 완벽하게 이해하고 있다면 수학을 어렵지 않게 만들어주는 효자 공식이기도 하다. 몇 가지 필수적인 곱셈 공식 중에서도 가장 기초적이고 자주 쓰이는 공식 세 가지를 소개하려 한다.

$$(a+b)^2 = (a+b)(a+b)$$
$$= a(a+b) + b(a+b)$$
$$= a^2 + ab + ba + b^2$$
$$= a^2 + 2ab + b^2$$

$$(a-b)^2 = (a-b)(a-b)$$
$$= a(a-b) - b(a-b)$$
$$= a^2 - ab - ba + b^2$$
$$= a^2 - 2ab + b^2$$

이는 가장 대표적인 곱셈 공식이다. 이 공식을 이용하면 가운데 3단계의 전개를 생략하고 바로 답을 도출할 수 있어 편리하다.

다음에 소개할 공식은 두 수를 각각 더한 것과 뺀 것을 곱할 때 사용하는 공식으로 '합차 공식'이라고 한다.

$$(a+b)(a-b) = a(a-b) + b(a-b)$$
$$= a^2 - ab + ba - b^2$$
$$= a^2 - b^2$$

이제 곱셈공식을 이용한 두 자릿수의 곱셈을 배워보자.

지금부터 51^2, 99^2, 41×39의 값을 각각 구해보자.

$51^2 = (50+1)^2 = 50^2 + 2 \times 50 \times 1 + 1^2 = 2601$ ◀ $(a+b)^2 = a^2 + 2ab + b^2$ 이용

$99^2 = (100-1)^2 = 100^2 - 2 \times 100 \times 1 + 1^2 = 9801$ ◀ $(a-b)^2 = a^2 - 2ab + b^2$ 이용

$41 \times 39 = (40+1)(40-1) = 40^2 - 1^2 = 1599$ ◀ $(a+b)(a-b) = a^2 - b^2$ 이용

이러한 곱셈 공식은 알아두면 계산에 매우 유용하다.

누구나 수학 천재가 되고 싶어 하고, 누구보다 빨리 계산을 하고 문제를 풀고 싶어 한다. 이는 제대로 된 방법 혹은 나만의 방법을 터득했을 때 가능한 것이다. '수학을 잘한다'는 것은 단순히 계산을 잘하는 것이 아니다. 수학의 원리를 터득하고 정해진 시간 안에 문제를 잘 풀어낸다는 의미가 담겨 있다. 이 사실을 잊지 말고 알아두면 확실한 도움이 되는 곱셈 공식을 이용해 안타깝게 한두 문제씩 틀리는 실수를 범하지 않도록 하자. 이를 위해서는 앞서 이야기한 것처럼 평소에 실전연습을 해두는 것이 가장 좋은 방법이다.

지금까지 천재 수학쌤의 잔소리였음!

2부

퍼센트의 속임수

<u>6</u> 할인해서 얼마라는 거야?

특가 상품에 현혹되지 마라!

연말이 되면 거리에 반짝이는 트리 장식과 함께 유난히 자주 눈에 띄는 것이 바로 'SALE'이라고 쓰인 붉은 푯말이다. 각종 상점의 유리 벽과 백화점 건물 곳곳에 커다랗게 내걸린 세일 간판, 연말을 맞아 통크게 세일한다고 광고하는 문구 중에는 입이 떡 벌어질 만한 할인율로 행인들의 눈길을 끄는 것도 많다. 웬만한 짠돌이도 그 앞에선 쉽게 발길이 떨어지지 않는다.

인간의 뇌는 가장 합리적인 선택을 하도록 설계되어 있다. 그리고 기업은 합리적인 선택을 하려는 사람들의 심리를 자극하고 이것을 이용해 돈을 끌어모은다. 인터넷 쇼핑몰이나 옷가게에 가면 가장 먼저 우리의 눈길을 끄는 것은 무엇일까? 신상품? 핫 트렌드 아이템?

헤어나올 수 없는 할인의 마력이란!

　아니다. 주위를 빙 둘러보던 우리의 눈은 1+1 특가 상품, 50% 할인과 같은 문구에 머문다. 그리고 곧바로 뇌에 이렇게 전달한다. '오! 50% 할인? 이건 안 사면 손해야!' 실제로 소비자들은 디자인이나 가격보다 할인율에 따라 마음이 움직인다고 한다. 그러니 꼭 필요한 물건이 아니어도 높은 할인율을 보면 통장 잔고와 관계없이 마음이 설레기 마련이다. 여기서 할인율이란 흔히 '퍼센트'라고 하는 백분율을 의미한다.

　그런데 우리의 발길을 멈추게 만드는 그 특가 상품에 우리가 현혹되고 있다는 사실을 알고 있는가? 합리적인 선택을 하도록 만들어진 우리의 뇌가 제대로 선택했다고 생각했지만 알고 보니 호갱(어수룩하여 이용하기 좋은 손님을 비유적으로 이르는 단어로 '호구'와 비슷한 의미)이 된 것이다. 지금부터 쇼핑에 나섰을 때 매우 큰 도움이 되는 한 가지 '팁'을 알려주려고 한다. 이것만 알면 더 이상 세일 푯말 앞에서 발길을 서성이는 '호갱'이 되지 않을 수 있는, 절대 손해 보지 않는 유용한 정보 말이다.

자세히 계산해봐야 알 수 있다.

꼼꼼히 계산해봐야 알 수 있다.

퍼센트가 그렇다.

−나태주 〈풀꽃〉 인용−

우리는 생활 속에서 '퍼센트'라는 말을 정말 많이 쓴다. 특히 전체를 놓고서 50%를 기준으로 '많다', '적다' 등의 수치적인 비교를 할 때 자주 사용한다. 기사나 뉴스에 나오는 이런 말은 정말 친숙하다.

이번 주말에 비가 올 확률은 47.3%입니다.

그렇다면 우리는 이렇게 자주 사용하는 퍼센트의 개념을 정확하게 이해하고 있는 걸까?

한 통계학자는 "우리가 퍼센트 기호(%)에 친숙하다는 사실이 퍼센트를 제대로 이해하고 사용한다는 의미는 아니다"라고 말하기도 했다. 퍼센트는 초등학교 때 배운 친숙한 개념이며 일상생활에서 가장 많이 사용하는 수학 기호 중 하나다. 그러나 그만큼 자주 혼동하는 개념 중 하나이기도 하다. 실제로 초등학교 6학년 1학기 수학책에는 퍼센트에 대해 이렇게 설명한다.

비율에 100을 곱한 값을 백분율이라고 한다.

백분율은 기호 %를 사용하여 나타낸다.

그리고 지도서에서는 이런 내용을 덧붙였다.

백분율은 100을 기준(분모)으로 하기 때문에 자료를 비교하기에 편리하다. 신문을 대충 훑어보기만 해도 백분율이 얼마나 자주 사용되는지 알 수 있다. 백분율은 신문기사, 광고, 세금 할인, 시청률, 속도, 축적 등 광범위하게 사용된다.

퍼센트는 숫자의 상대적 크기를 비교하는 데 유용하게 쓰인다. 기준이 되는 숫자를 100으로 두고 나머지 숫자를 100에 대한 비율로 바꾸면 한눈에 상대적인 비교가 가능하다.

예를 들어 2016년 2분기 게임 산업 매출은 2조 4,471억 원이고 2017년 2분기 게임 산업 매출은 2조 8,142억 원이다. 이때 매출이 3,671억 원 증가했다고 수치를 사용해 표현하는 것보다 지난해 대비 15% 상승했다고 백분율을 사용해 표현하는 것이 상대적으로 매출 상승률을 한눈에 파악할 수 있게 해준다.

퍼센트, 즉 '백분율'은 우리가 수치의 비교를 훨씬 더 쉽게 이해할 수 있도록 해준다. 그렇다면 이 백분율의 개념을 조금 더 쉽게 한마디로 정리해보자.

전체를 100이라고 했을 때, 알고 싶은 수량이 전체 중 얼마를 차지하는지 수치로 나타낸 것을 백분율이라 하고, 그 백분율을 나타내는 기호가 퍼센트다.
이를 수식으로 나타내면 아래와 같다.

$$(백분율) = \frac{(알고 \ 싶은 \ 수량)}{(전체의 \ 양)} \times 100$$

결국 얼마나 싸게 살 수 있을까?

이러한 백분율을 가장 자주 접할 수 있는 곳이 바로 백화점 등의 상점이다. 세일 기간이 되면 쇼윈도는 눈이 휘둥그레지는 할인율로 우리를 놀라게 한다. 간만에 쇼핑 계획을 잡은 나는 쇼핑센터에서 마음에 꼭 드는 모자를 발견했다. 얄팍한 주머니 사정에도 불구하고 마음을 사로잡은 모자다. 신상품인데 무려 30%나 할인을 한다고 한다. 일단 가격표부터 살펴본다.

'4만 원. 흠, 그럼 할인을 하면 얼마란 소리지?'

대부분의 사람들은 다음과 같이 계산할 것이다.

1단계   4만 원의 30%를 계산한다.

$$40,000 \times \frac{30}{100} = 12,000(원)$$

계산기를 이용할 때는 분수가 오히려 복잡할 수 있다. 일단 30%라면 30에서 숫자 0의 오른쪽에 숨어 있는 소수점을 왼쪽으로 두 번 옮겨보자. 그러면 30에서 소수점이 앞으로 칸칸 오니까 0.3이 된다. 이것을 원래 가격인 4만 원에 곱하는 것이다. 만약 25% 할인이면 0.25를, 5% 할인이면 0.05를 곱하면 된다. 그렇다면 모자의 가격은?

2단계   4만 원에서 할인되는 금액을 뺀다.

$$40,000 - 12,000 = 28,000(원)$$

4만 원짜리 모자를 할인된 가격인 2만 8,000원에 살 수 있다. 여기서 지불해야 하는 돈을 한 번에 계산할 수 있는 더욱 간단한 방법을 알려주겠다. 이번에는 할인율이 아닌 지불해야 할 금액의 퍼센트를 가지고 계산하는 것이다. 즉 30%를 할인한다면 100 - 30 = 70(%)를 내야 할 테니, 4만 원의 70%를 계산하는 방식이다. 앞에서 했던 대로 소수점을 옮겨보자.

$$40,000 \times 0.7 = 28,000(원)$$

훨씬 빠르게 계산할 수 있다. 만약 0.7을 만드는 것도 어렵다면 그냥 4만 원에 70을 곱해 0만 두 개 지우는 방법도 있으니 참고하길.

폭풍 쇼핑을 하다 보면 꼭 1만 원 단위로 떨어지는 상품만 있는 것은 아니다. 그러니 조금 더 복잡한 퍼센트 계산을 쉽게 하는 방법도 알아둬야 하겠다. 예를 들어 2,500원짜리 물건이 68% 할인한다면 얼마일까? 100-68=32(%)를 내야 한다. 벌써부터 뇌가 삐걱거리는가. 겁부터 먹지 말고 차근차근 해보자.

68% 할인율은 다소 복잡해 보이지만, 이제는 간단한 수식만 알면 자신 있게 답을 말할 수 있다(다소 시간이 조금 걸리더라도).

$$2,500 \times \frac{32}{100} = 800(원)$$

그런데 이것을 조금만 바꿔보면 훨씬 쉽게 답을 구할 수 있다.

<table>
<tr><td>2,500의 32%</td><td></td><td>3,200의 25%</td></tr>
<tr><td>$2,500 \times \dfrac{32}{100}$</td><td>=</td><td>$3,200 \times \dfrac{25}{100}$</td></tr>
</table>

2,500의 32%와 3,200의 25%는 결과가 같기 때문에 둘 중 더 간단하게 느껴지는 쪽으로 계산하면 된다. 가령 5,000의 18%를 구하는 것과 1,800의 50%를 구하는 것, 2,000의 45%를 구하는 것과 4,500의 20%를 구하는 것의 결과는 같으니까.

백분율을 쉽게 구하는 몇 가지 방법

50% : 전체의 값을 반으로 나눈다(2로 나눈다).

25% : 전체의 값을 4로 나누거나 50%한 것을 다시 2로 나눈다.

20% : 전체의 값을 5로 나눈다.

10% : 전체의 값을 10으로 나눈다.

5% : 전체의 값을 20으로 나누거나 10%한 것을 다시 2로 나눈다.

1% : 전체의 값을 100으로 나눈다.

7 퍼센트가
증가할 때, 감소할 때

'퍼센트'와 '배수'의 차이

〈렐리히온 콘피덴시알Religiön Confidencial〉이라는 한 스페인 매체의 2009년 12월 30일자에 실린 어느 기사의 헤드라인은 다음과 같다.

"러시아 기독교 신자 700% 증가."

기사를 살펴보니 2000년에 3만 4,102명이었던 순례자 수가 2009년에 23만 9,580명으로 증가했다는 내용이었다. 실제로 23만 9,580을 3만 4,102로 나누면 7.02가 된다. 그런데 7배가 증가했다는 것은 700%가 아니라 600%가 늘어났다는 뜻이다. 따라서 신문의 헤드라인은 잘못되었다고 볼 수 있다.

이렇게 우리는 생활 속에서 '몇 배'와 '몇 %(퍼센트)'를 잘못 사용하고는 한다. 얼핏 듣기에는 그럴듯하지만 막상 정확하게 계산해보면 틀린 경우가 많다. 이제부터 그러한 함정에 빠지지 않기 위해 퍼센트가 증가한다는 것과 감소한다는 것의 의미를 정확하게 짚어보자.

20% 감소는 몇 배의 차이가 있는 걸까?

1만 원짜리 물건의 값이 20% 상승했다고 하면, 보통 다음과 같은 방식으로 값을 계산한다.

$$10,000 + 10,000 \times 0.2 = 10,000 + 2,000 = 12,000(원)$$

이것을 한꺼번에 곱해서 계산할 수는 없을까? 원래의 값을 1로 보고 20% 증가를 0.2로 하면 1 + 0.2 = 1.2가 되므로, 10,000에 1.2를 곱하면 된다.

$$10,000 \times (1 + 0.2) = 10,000 \times 1.2 = 12,000(원)$$

따라서 20% 가격 상승이라는 말은 원래 값에 1.2배를 한 것과 같은 뜻이다.

반대로 물건 값이 20% 하락했을 때도 같은 방법을 적용해 가격을 구할 수 있다. 원래의 물건 값을 1로 보고 20% 감소를 0.2로 하면 1 - 0.2 = 0.8이 되므로, 이를 곱하면 된다. 따라서 물건의 가격이 20%

감소했다는 말은 원래 값에 0.8배를 한 것과 같은 뜻이다.

예를 들어 1만 원짜리 물건의 값이 20% 내려갔다고 하면 지불해야 하는 금액은 이렇게 계산할 수 있다.

$$10,000 \times (1 - 0.2) = 10,000 \times 0.8 = 8,000(원)$$

2% 증가하면 1.02, 75% 증가하면 1.75, 40% 증가하면 1.4, 52% 증가하면 1.52를 곱해주면 된다. 또한 2% 감소하면 0.98, 30% 감소하면 0.7, 65% 감소하면 0.35를 곱해주면 변경된 가격을 알 수 있다.

변경된 가격이 아니라 감소율 또는 증가율을 알고 싶다면 반대로 적용하면 된다. 가령 1만 원이던 물건을 9,800원에 팔고 있을 때의 할인율을 구할 수 있다. 원래 가격을 1로 본다면 변경된 가격은 0.98이 된다. 1 - 0.98 = 0.02이므로 원래 가격에서 2% 감소한 것을 알 수 있다. 이것이 곧 할인율인 셈이다. 이와 다르게 1만 원이던 물건 값이 어느 날 1만 3,000원으로 올랐을 때는 인상률을 구할 수 있다. 원래 가격을 1로 본다면 변경된 가격은 1.3이 된다. 1.3 - 1 = 0.3이므로 원래 가격에서 30% 증가한 것을 알 수 있다. 이것이 바로 인상률이다.

우리는 보통 어느 물건의 할인 폭이 20%에서 30%로 변경되었을 때 할인율이 10% 증가했다고 말한다. 하지만 이는 잘못된 표현이다. 정확한 표현을 알아보기 위해 필요한 것이 바로 '퍼센트포인트percent point'다. 퍼센트포인트란 백분율을 나타낸 수치가 감소하거나 증가했음을 나타내는 양이다. 퍼센트의 증가 또는 감소 폭을 표현하기 위해서는 퍼센트포인트라는 단어를 이용해야 한다. 따라서 물건의 할인 폭이 20%에서 30%가 되었을 때는 10퍼센트포인트, 즉 10%p라고 해야 맞는 표현이다. 만일 %p(퍼센트포인트)가 아닌 %(퍼센트)로 표현하고 싶다면 20%에서 30%로 할인 폭이 '50% 증가했다'고 해야 맞는 표현이다. 이를 수식으로 나타내면 다음과 같다.

$$\frac{(\text{변화된 퍼센트} - \text{기존 퍼센트})}{\text{기존 퍼센트}} \times 100$$

$$\frac{30 - 20}{20} \times 100 = 50(\%)$$

퍼센트는 백분비라고도 하는데 전체의 수량을 100으로 하여, 해당 수량이 그중 몇이 되는가를 가리키는 수로 나타낸다. 퍼센트포인트는 이러한 퍼센트 간의 차이를 표현한 것으로 실업률이나 이자율 등의 변화가 여기에 해당된다.

가령 실업률이 지난해 3%에서 올해 6%까지 상승했다면 이러한 변화는 퍼센트와 퍼센트포인트를 사용하여 다음의 두 가지 방법으로 표현할 수 있다.

"실업률이 지난해에 비해 100% 상승했다."
"실업률이 지난해에 비해 3%p 상승했다."

여기서 퍼센트는 $\frac{(\text{올해 실업률} - \text{지난해 실업률})}{\text{지난해 실업률}} \times 100$ 을 적용하여 '100'으

로 산출했다. 퍼센트포인트는 퍼센트의 차이이므로 6에서 3을 뺀 '3'이란 수치가 나온 것이다. 같은 내용이라도 어떤 표현을 사용하느냐에 따라 듣는 사람은 전혀 다른 느낌을 받게 된다. 퍼센트로 표현한 첫 번째 방법(100% 상승)은 실업률이 상당히 많이 상승했다는 인상을 준다. 반면 퍼센트포인트로 표현한 두 번째 방법(3%p 상승)은 그렇지 않다. 실업률이 크게 증가했다며 정부의 경제정책을 비판하고 싶은 사람은 아마 퍼센트를 이용한 첫 번째 표현 방식을 사용할 것이다.

8 _ 퍼센트는
부메랑이 아니다

10% 가격을 인상하고 10% 할인하면 원래 가격으로 돌아올까?

얼마 전 눈독을 들이던 가방이 하나 있었다. '이건 지금 내게 사치야!' 하며 참았는데, 이후에 다른 볼일이 있어 백화점에 갔다가 슬쩍 보니 20%나 가격이 오른 것이다. 그때 샀어야 했는데…. 씁쓸한 마음에 집으로 돌아왔다. 그런데 함께 갔던 친구한테서 전화가 온 것이다.

"그 가방 지금 20% 세일한다는데?"

가격이 20% 올랐었는데, 20%를 세일하면 예전 가격으로 돌아온 건가? 더 늦기 전에 얼른 가서 사야겠다는 생각에 백화점으로 달려가 가격도 보지 않고 냉큼 사버렸다. 집에 들고 와 기쁜 마음으로 가방을 요리조리 살펴보는데, 가격표를 보니 아무래도 이상하다. 분명 20% 인상했다가 다시 20% 할인했는데 애당초 가격보다 싸게 산 것 같은 이 느

낌은 뭐지?

가방의 원래 가격은 100만 원. 간만에 큰맘 먹고 하나 질렀으니, 이 참에 제대로 가격이나 한번 체크해보도록 하자. 원래 100만 원이었던 가방의 가격이 20% 올랐으니 계산하면 이렇게 된다.

$$1,000,000 \times 1.2 = 1,200,000(원)$$

그런데 여기에서 20%를 할인한 가방의 가격은 다음과 같다.

$$1,200,000 \times 0.8 = 960,000(원)$$

오, 정말 4만 원이나 싸게 샀네? 이런 횡재가!

이해를 돕기 위해 비슷한 사례를 하나 더 알아보자.

2016년 1월에 입사한 회사원의 연봉은 3,000만 원이다. 2017년 1월의 연봉은 작년보다 5% 인상해 3,150만 원이 되었다. 그런데 2018년 1월 회사 사정이 좋지 않아 다시 5%를 삭감한다고 한다. 그럼 다시 3,000만 원이 되는 걸까?

앞에서 해봤으니 한 번 더 계산해보면 알 터!

$$30{,}000{,}000 \times 1.05 = 31{,}500{,}000(원)$$

여기에서 5%가 다시 삭감되었으니,

$$31{,}500{,}000 \times 0.95 = 29{,}925{,}000(원)$$

이런! 예전보다 더 낮아졌다. 같은 수치로 인상률과 할인율을 적용해도 퍼센트는 원래 가격이 아닌 최종 가격을 반영한다. 때문에 가격 할인을 했다가 다시 인상하면 원래 가격으로 돌아갈 것 같지만 한 번이라도 가격 상승이나 하락이 있었다면 원래 가격과 다른 숫자가 나온다.

퍼센트의 인상, 인하가 겹치면 원래 가격보다 낮아지는 이유

어버이날을 맞아 꽃가게가 성황이다. 대학생들이 카네이션을 팔아 용돈 벌이를 해볼 작정으로 새벽부터 꽃시장에 나가 정성스레 꽃다발을 만들었다. 아침부터 학교 앞에 가서 카네이션을 놓아두고 파는데, 글쎄 파리만 날린다. 이 모습을 본 아저씨가 한마디 하며 지나간다.

"거, 예쁜데 값이 너무 싼 거 아니야?"

'2,000원으로 가격을 매겼는데 정말 너무 싼가?' 하는 생각에 50% 정도 값을 올려보기로 과감하게 결정했다. 그러면 최종 가격은 3,000원! 그렇게 가격을 올리고 다시 꽃을 팔았지만 여전히 파리만 날릴 뿐이다. 그때 지나가던 아주머니가 한마디를 던진다.

"학교 앞에서 파는 건데 너무 비싸구먼."

아뿔싸, 그런가? 다시 50%를 내리기로 한다. 그런데 이상하다? 값이 처음과 다르다. 2,000원이 돼야 하는데 왜 1,500원이 됐지? 그건 바로 다음과 같은 원리 때문이다.

산술평균과 기하평균의 관계

A원인 물건의 가격을 10% 인상하면 A × 1.1원이 되고 다시 10%를 인하하면 A × 1.1 × 0.9원, 즉 A × 0.99원이 된다. 이는 원래 가격보다 1% 감소한 가격이다. 이처럼 10% 인상 후 다시 10%를 인하하면 항상 원래 가격보다 감소한다. 이는 고등학교 때 배우는 산술평균과 기하평균의 관계 때문인데 서로 다른 두 수의 산술평균은 항상 기하평균보다 크다는 것이다. 10% 인상 후 다시 10% 인하할 때 각각 곱한 1.1과 0.9로 산술평균과 기하평균의 관계를 적용해보면 $\frac{1.1+0.9}{2} > \sqrt{1.1 \times 0.9}$, 즉 $1 > \sqrt{0.99}$ 가 된다. 결국 1.1과 0.9의 산술평균인 1이 1.1과 0.9의 기하평균인 $\sqrt{0.99}$ 보다 항상 크다는 것이다. 이 부등식의 양변을 제곱하면 1 > 0.99가 되어 A × 0.99원으로 원래의 값인 A원보다 항상 작아지는 것을 알 수 있다.

그렇다면 가격 인상-가격 인하, 가격 인하-가격 인상의 순서를 바꿔서 계산하면 결과가 달라질까?

① 원래 가격에서 10% 올렸다가 다시 10% 내리는 경우
② 원래 가격에서 10% 내렸다가 다시 10% 올리는 경우

①과 ②를 각각 계산해보자.

① (원래 가격) × 1.1 × 0.9 = (원래 가격) × 0.99
② (원래 가격) × 0.9 × 1.1 = (원래 가격) × 0.99

계산한 결과에서 확인해볼 수 있듯이 1.1 × 0.9와 0.9 × 1.1의 계산 결과가 같다는 곱셈의 교환법칙에 의해 두 결과는 서로 같다는 것을 알 수 있다.

9 무엇을 먼저 할인받을까

실생활에 득이 되는 할인 법칙

한때 엄청난 열풍을 몰고 왔던 패밀리 레스토랑은 많은 메뉴를 갖춰 음식 종류의 제한이 적고 다양한 식문화를 즐길 수 있는 곳이다. 생각만 해도 군침이 넘어가는 음식이 많지만 가격이 저렴하지 않아 주로 생일이나 친구들과 모임이 있을 때 찾는 곳이기도 하다. 간만에 옛 추억을 살리려 가족들과 함께 패밀리 레스토랑을 찾았다. 식사를 마치고 나서 계산서를 살펴보니 가격을 짜맞추기라도 한 듯 정확히 10만 원이 찍혀 있다.

그런데 계산서 옆에는 각종 할인 방법이 빽빽하게 적혀 있다. 신용카드는 기본이고 통신사 할인, 패밀리 레스토랑 멤버십 할인까지…. 자세히 읽어보니 신용카드와 통신사는 중복 할인도 가능하다고 한다. 내가 가진 신용카드로는 20%를 할인받을 수 있고, 통신사는 15%를 할인받을 수 있다고 한다. 그럼 둘 중 어느 것을 먼저 할인받아야 더 이득일까?

사실 고민할 필요가 없다. 무엇을 먼저 할인받든 결과는 똑같기 때문이다. 얼핏 생각하기에는 20%를 먼저 받고 그다음에 15%를 할인받는 것이 이득일 것 같아 보이지만 결과 값은 같다. 그냥 넘어갈 수만은 없으니 한번 계산해보자.

1) 20% 할인을 먼저 받는 경우
① 20% 할인 : $100,000 \times 0.8 = 80,000$(원)
② 15% 할인 : $80,000 \times 0.85 = 68,000$(원)
즉 $(100,000 \times 0.8) \times 0.85 = 68,000$(원)

2) 15% 할인을 먼저 받는 경우
① 15% 할인 : $100,000 \times 0.85 = 85,000$(원)
② 20% 할인 : $85,000 \times 0.8 = 68,000$(원)
즉 $(100,000 \times 0.85) \times 0.8 = 68,000$(원)

따라서 할인 순서와 최종 지불 금액은 상관없다.
$100,000 \times 0.8 \times 0.85 = 100,000 \times 0.85 \times 0.8$

이러한 결과는 두 수를 곱하는 순서를 바꿔도 결과가 같다는 원리인 '곱셈의 교환법칙'에 의해 성립된다. 그러니 이제 중복 할인 앞에서 고민하지 말고 둘 중 어느 것이든 먼저 할인받자!

+ × ÷ − − + × + × ÷ − − + × ÷

<u>10</u> 퍼센트에 대한 오해

+ × ÷ − − + × + × ÷ − − + × ÷

너 내가 알던 퍼센트 맞니?

"띠링~"

휴대폰이 울려 확인해보니 집 근처 백화점에서 할인을 한다는 메시지가 와 있다. 엇! 그런데 무려 50% 할인에 추가로 20%나 더 할인을 해준다고 한다. 안 그래도 여름을 앞두고 수영복을 하나 살까 생각했는데 이번 기회에 장만해볼까?

옆의 메시지를 받고 방문한 수영복 매장에서 10만 원짜리 상품을 얼

마에 살 수 있을까? 대부분이 50%에 추가로 20%를 할인해준다고 하니 70% 할인된 가격, 즉 10만 원짜리 수영복을 3만 원에 살 수 있다고 생각할 것이다. 하지만 실제로 매장에서 수영복을 구매하면 생각한 것과 다른 가격에 당황하기 십상이다. 분명 50% 할인에 추가로 20% 더 할인한다고 했으니 70%가 되어야 하는데, 그게 아니라니 이게 무슨 날벼락이지? 할인율에는 대체 무슨 비밀이 숨어 있을까? 지금부터 차근차근 알아봐야겠다.

10만 원짜리 수영복이 있다. 이것을 70% 할인하면 지불해야 할 금액은 3만 원이다. 이 정도 계산은 이제 식은 죽 먹기일 것이다.

$$100,000 \times 0.3 = 30,000(원)$$

그러면 이 수영복을 50% 할인하고 추가로 20%를 더 할인했을 때 같은 가격이 나오는지 한번 살펴보자. 먼저 50% 할인을 하면,

$$100,000 \times 0.5 = 50,000(원)$$

여기에서 20%를 더 할인하면,

$$50,000 \times 0.8 = 40,000(원)$$

10만 원짜리 수영복을 한꺼번에 할인한 가격과 차례로 할인했을 때

의 가격을 정리해보면 다음과 같다.

70% 할인	50% + 20% 할인
30,000원	40,000원

10만 원짜리 상품을 70% 할인할 때와 50%에 20%를 추가 할인할 때 지불해야 하는 금액은 확연히 다르다. 원래 가격의 10%나 차이가 난다. 계산 방식이 다르니 결과도 다를 수밖에 없는 것이다.

70% 할인 시 지불 금액	50% + 20% 할인 시 지불 금액
$100,000 \times 0.3$	$100,000 \times 0.5 \times 0.8 = 100,000 \times 0.4$

할인을 알리는 광고를 얼핏 보면 50%와 20%를 합한 70%를 할인해 주는 것처럼 보이지만 실제로는 70%보다 적은 60% 할인율이라는 사실을 알 수 있다. 70%인 듯 70% 아닌 70% 같은 할인율, 꼼꼼히 따져보

고 자세히 계산해보면 다르다는 점을 잊지 말자.

어쩐지 속은 느낌이 든다고? 하지만 처음부터 답은 정해져 있었고, 모든 결과는 우리의 무지에서 비롯된 것이다. 그러니 이제부터라도 50%에 20% 추가 할인은 70% 할인이라는 잘못된 생각을 버리고 할인 광고에 혹하지 말기를.

11 백분율 실전에 적용해보기

인생은 '알뜰살뜰 그레잇!'하게

다이어트를 하겠다고 결심하고 일찌감치 저녁을 먹었더니 집으로 돌아가는 길에 왠지 배가 고프다. 이럴 때 편의점의 유혹이란. 결국 그냥 지나치지 못하고 과자 3봉지를 사가기로 했다. 그런데 동네에 있는 편의점 세 곳이 저마다 다른 조건으로 할인을 하고 있다. 새해에는 알뜰살뜰하게 살기로 결심한 만큼 비교해보고 가장 저렴한 곳에서 사야겠다. 그런데 대체 세 곳 중 어디가 가장 싸다는 거지?

3개 사면 30% 할인

2 + 1
(2개 사면 1개 증정)

전 품목 20% 할인 +
통신사 10% 추가 할인

이처럼 편의점 세 곳의 할인 조건은 서로 다르다.

우선 할인하지 않은 1,200원짜리 과자 3봉지의 값을 알아두자.

$$1,200 \times 3 = 3,600(원)$$

A 편의점에서는 과자 3봉지를 사면 30%를 할인받을 수 있다. 따라서 3,600원의 70%를 지불해야 한다.

$$3,600 \times 0.7 = 2,520(원)$$
과자 한 봉지당 가격은 $2,520 \div 3 = 840(원)$이다.

B 편의점에서는 2봉지를 사면 1봉지는 덤으로 받을 수 있다. 그러니 2봉지 가격만 계산하면 된다.

$$1,200 \times 2 = 2,400(원)$$
과자 한 봉지당 가격은 $2,400 \div 3 = 800(원)$이다.

마지막으로 C 편의점에서는 얼마에 살 수 있을까. 우선 전 품목 20% 할인이므로 3,600원의 80%를 지불해야 한다.

$$3,600 \times 0.8 = 2,880(원)$$

여기서 10% 추가 할인을 받을 수 있다.

$$2,880 \times 0.9 = 2,592(원)$$
과자 한 봉지당 가격은 $2,592 \div 3 = 864(원)$이다.

A, B, C 세 편의점에서 살 수 있는 과자 가격을 표로 정리하면 다음과 같다.

	A 편의점	B 편의점	C 편의점
과자 3봉지의 가격	2,520원	2,400원	2,592원
과자 1봉지당 가격	840원	800원	864원

어느 곳에서 과자를 사야 할지 한눈에 들어올 것이다. 지금 당장 B 편의점으로 달려가 좋아하는 과자 3봉지를 사면 된다.

30% 할인, 2봉지를 사면 1봉지는 덤, 20% 할인에 추가로 10% 할인이라는 각각의 조건은 얼핏 보면 비슷한 것 같다. 하지만 계산해보면 저마다 다른 숫자가 나온다. 이것이 바로 백분율의 함정이다. 아마도 우리는 그동안 백분율의 함정에 빠져 알게 모르게 손해를 보고 살아왔을 것이다.

실제로 우리 주변에는 백분율을 교묘하게 이용해 눈속임하는 일이 많다. 기업들은 가격을 올린 뒤 재빨리 할인을 하거나 1 + 1 행사를 하면서 마치 가격을 깎아주는 것처럼 포장한다. 하지만 자세히 따져보면 할인을 해도 가격을 올리기 전보다 비싼 경우가 많다.

기업은 소비자뿐 아니라 직원들의 연봉 협상에서도 백분율의 함정을 이용한다. 만일 어느 기업이 직원들의 내년 연봉을 10% 인상할 것이며, 회사 사정을 고려해 임원들은 5%만 연봉을 인상하기로 했다고 하자. 어떤 생각이 드는가? 직원들을 진심으로 생각해주는 회사처럼 여겨진다면 백분율의 속임수에 제대로 꾀인 것이다. 여기에는 직원과 임원의 연봉이 어마어마하게 차이 난다는 사실이 숨어 있다. 만일 직원들의 평균 연봉이 4,000만 원이라면 10% 인상에 따라 400만 원의 연봉이 오를 것이다. 하지만 임원들의 평균 연봉이 1억 원이라면 5%만 인상해도 500만 원의 연봉이 오른다. 인상률은 절반밖에 되지 않는데 상승분은 더 많은 것이다.

이렇듯 가격 인상률을 속이기 위해, 연봉 협상을 유리하게 주도하기 위해, 수치의 극단적이거나 완화된 표현을 위해 의도적으로 기준을 다

르게 적용해 얼마든지 백분율을 조작할 수 있다. 그럼에도 우리는 눈에 보이는 숫자만 받아들인 채 진실은 보지 못하고 지나칠 때가 많다.

하지만 아직 늦지 않았다. 백분율과 좀 더 친해진다면 기업의 상술에 놀아나는 희생양 신세는 피할 수 있다. 수학은 얄팍한 속임수에 속지 않고 우리의 권리를 지킬 수 있는 힘을 길러준다.

+ × ÷ − − + × + × ÷ − − + × ÷

12 퍼센트는 간사해!

+ × ÷ − − + × + × ÷ − − + × ÷

숫자는 얼마든지 부풀려질 수 있다

우리는 일상생활에서 다양한 수치의 백분율을 보고 듣는다. 물가 상승률, 교통사고 증가율, 실업률 증가, 인구 감소 등은 모두 백분율로 나타낸다. 그런데 이 백분율이라는 것이 특정 수치를 과장하거나 부풀리는 데 매우 탁월한 수단이라는 사실을 알고 있는가?

우리는 종종 신문이나 잡지에 실린 광고나 TV 속 CF에서 다음과 같은 문구를 보곤 한다.

"설문에 참여한 의사의 80%가 A 크림의 재생 효과를 검증, 강력 추천!"

이 광고를 본 사람들은 A 크림을 많은 의사가 검증한 좋은 제품이라고 생각해버리기 쉽다. 광고 속 80%라는 수치는 우리에게 무심코 100명 중 80명 정도가 추천했을 것이라는 생각을 심어준다. 그러나 광고를 아무리 살펴봐도 몇 명의 의사를 대상으로 추천받은 것인지 어디에도 나와 있지 않다. 80%라는 백분율은 분수로 표현하면 $\frac{80}{100}$이다. 이를 약분하면 $\frac{8}{10}$에서 $\frac{4}{5}$까지 줄어든 숫자로 표현할 수 있다. 즉 80%라는 백분율은 10명 중 8명이 추천하거나 심지어 5명 중 4명만 추천해도 나올 수 있는 수치인 것이다.

퍼센트의 속임수는 아직 끝나지 않았다. 이번에는 두 도넛 가게 이야기를 통해 퍼센트의 간사함을 알아보자.

같은 숫자, 다른 계산이라는 불편한 진실

A 도넛 가게와 B 도넛 가게에 다음과 같은 공지문이 붙었다.

A도넛 가게

1,000원 → 1,500원
재료비 상승으로
도넛 가격을
33.3% 인상합니다.

B도넛 가게

1,000원 → 1,500원
재료비 상승으로
도넛 가격을
50% 인상합니다.

두 가게 모두 도넛 가격이 1,000원에서 1,500원으로 올랐다. 그런데 인상률이 다르다. 어떻게 된 일일까?

그래서 각자 어떻게 계산하였는지 알아보았다. 먼저 A가게 사장에게 물었더니 이렇게 대답한다.

"도넛 가격을 1,500원으로 인상하면서 총 500원이 올랐으니 1,500원에 대한 500원의 퍼센트를 따져봐야죠."

$$\frac{500}{1500} \times 100 = 33.3(\%)$$

B가게 사장의 대답은 다르다.

"원래 가격인 1,000원에 대한 500원의 퍼센트가 얼마인지 따져봐야 인상률을 알 수 있죠."

$$\frac{500}{1000} \times 100 = 50(\%)$$

과연 누구의 계산법이 맞을까? 숫자만 놓고 보면 50%나 오른 B 도넛 가게보다 33.3% 오른 A 도넛 가게의 조금은 덜 부담스러운 인상률을 믿고 싶다. 하지만 여기에는 불편한 진실이 존재한다. 인상률을 제대로 계산한 것은 바로 B 도넛 가게다.

인상률이란 '원래 가격'보다 얼마나 올랐는지를 따져보는 것이다. 그러므로 분모에 인상된 가격인 1,500이 아닌 원래 가격인 1,000을 두고 계산해야 한다. 둘 중 어느 수치를 분모에 넣느냐에 따라 인상률은 33.3%에서 50%까지 상승한다.

A 도넛 가게는 33.3%라는 잘못된 인상률로 손님들이 가격 부담을 덜 느껴 도넛을 사 먹도록 했을지는 모르나 백분율을 교묘하게 이용했다는 죄책감에서는 결코 벗어날 수 없을 것이다.

13 단리와 복리의 차이

내 이자는 얼마나 될까?

작심삼일이라는 말이 있다. 신년이면 교보문고 베스트셀러 10위권 안에 꼭 들어가 있는 아이템이 바로 '가계부'다. 사실 해마다 열의를 가지고 세운 신년 계획은 얼마 지나지 않아 작심삼일이 되기 마련이다. 그럼에도 새해가 시작되면 새로 시작하는 마음으로 다양한 계획을 세우게 된다. 그중에서도 직장인이라면 빼놓을 수 없는 것이 바로 목돈 마련을 위한 '저축 계획'이다.

요즘은 물가 상승률을 고려하면 '마이너스 금리 시대'라는 말이 나올 정도로 이자 수익이 낮다. 그러나 안전을 생각한다면 은행에 예금해두는 것만 한 게 없다. 그런데 적금이라도 하나 들라치면 단리, 복리 등 어려운 단어들이 마구 쏟아진다. 대체 무슨 뜻인지… 나는 그저 내 이자가 얼마나 되는지 알고 싶을 뿐인데. 지금부터 저축한 내 돈이 새지 않고 차곡차곡 모이도록 단리와 복리 계산법을 익혀보자.

은행에 가니 직원이 친절하게 설명해준다.

"이 상품은 1,000만 원짜리 적금이고요, 연이율은 10%에 3년 만기 정기예금입니다."

이자는 금전이나 어떤 물건을 사용한 대가로 원금액과 사용기간에 비례한 만큼 주어지는 보수를 말한다. 크게 단리이자와 복리이자로 나눌 수 있다. 단리는 '단순한 이자'라는 뜻으로, 원금에 대해서 일정한 기간 동안 미리 정해놓은 이자율만큼 이자를 주는 것이다. 이와 달리 복리는 이자를 원금에 포함시킨 다음 그 금액에 대해 이자를 주는 것이다.

그럼 지금부터 직원이 설명해준 금융상품의 내용을 가지고 각각 단리와 복리일 때 이자를 계산해보자.

① 단리이자 적용 시 만기 금액

　　1,000만 원 + {(1,000만 원×0.1) × 3 }= 1,300만 원

② 복리이자 적용 시 만기 금액

　　1,000만 원 + (1,000만 원×0.1) + (1,100만 원×0.1) + (1,210만 원×0.1)

　　= 1,331만 원

하나씩 풀어쓰면,

$$1{,}000만 원 \xrightarrow{\text{1년후}} 1{,}000 \times 1.1 = 1{,}100만 원$$

$$\xrightarrow{\text{1년후}} 1{,}100 \times 1.1 = (\underline{1{,}000 \times 1.1}) \times 1.1 = 1{,}000 \times 1.1^2 = 1{,}210만 원$$

$$\xrightarrow{\text{1년후}} 1{,}210 \times 1.1 = (\underline{1{,}000 \times 1.1^2}) \times 1.1 = 1{,}000 \times 1.1^3 = 1{,}331만 원$$

따라서 적금 만기 시 단리이자를 적용했을 때는 1,300만 원을, 복리 이자를 적용했을 때는 1,331만 원을 받게 된다. 이 원리를 간단하게 공식으로 정리할 수 있다.

① 단리이자 : 오로지 원금에 대해서만 이율을 적용하여 이자를 계산하는 방법으로 원금에 이자가 붙는다.

　　원금 + 원금에 대한 이자 → 원금 + (원금×이자율×기간)

　　⇒ 원금 × (1 + 이자율×기간)

② 복리이자 : 원금에 대한 이자뿐 아니라 이자에 대한 이율도 함께 적용
하여 이자를 계산하는 방식이다. 즉 이자를 원금에 합쳐 그 합계 금액
에 대한 이자를 다시 계산한다.

원금 + (원금 + 이자)에 대한 이자

→ 원금 + 원금에 대한 이자 + 이자에 대한 이자

⇒ 원금 × (1 + 이자율)^{기간}

수식이 복잡해 보이는 까닭에 단리와 복리의 개념이 어렵다고 느끼
는 사람이 많다. 하지만 단리는 원금에 이자가 붙는 것이고, 복리는 원
금에 이자가 붙고, 또 그 이자에 대한 이자가 같이 붙는다는 개념으로
생각하면 이해하기 쉽다.

그렇다면 1원이라도 더 많이 받는 게 나으니 무조건 복리가 좋은 게
아닌가 하고 생각할 수 있다. 물론 동일 기간, 동일한 이자율이라면 복
리가 더 많은 이자를 가져다준다. 하지만 복리상품은 긴 시간(최소 5년
이상) 가입해야 효과를 볼 수 있다. 은행에서 판매하는 1년~3년짜리
예금, 적금은 기간이 짧기 때문에 사실상 복리효과가 거의 발생하지 않
는다. 적금 가입 기간이 3년 이하라면 복리보다 기본 금리가 높은 단리
이자 상품에 가입하는 게 더 유리하다. 즉 단기간 이자율이 복리보다
높은 단리가 더 낫다는 의미다.

'이자'는 결국 우리가 은행에 맡겨놓은 원금에 얼마간의 돈이 더 붙
는 것이고, 이자가 붙는 비율을 백분율로 나타낸 것을 이자율이라고
한다. 이 이자율은 단리, 복리에 따라 조금씩 차이가 있지만 기간에 따

라 유리한 것을 선택하는 것이 좋다는 사실. 실제로 은행에서는 연 단위의 복리뿐 아니라 일, 월 단위로도 이자를 계산한다. 그러니 은행에 하루만 돈을 맡겨도 이자가 발생하는 셈이다. 올해는 작심삼일이 되지 않도록 잘 계획해서 눈덩이처럼 불어난 이자를 한번 챙겨보면 좋겠다. '이자'는 내가 저축한 돈에 있어서는 이처럼 좋은 의미지만, 바꿔 말하면 대출이나 카드 대금을 하루만 늦게 갚아도 빌린 원금에 대한 이자도 불어난다는 의미도 가지고 있다. 그러니 돈을 잘 모으는 만큼 새는 돈도 잘 막아야 하겠다.

눈덩이 효과

'눈덩이 효과'라는 말을 들어본 적이 있을 것이다. 전 세계의 최고 부자 중 한 사람인 워런 버핏Warren Buffett이 사용해 유명해진 용어다. 그가 투자의 지혜와 삶의 지혜에 관해 이야기한 평전 《스노볼》에는 이런 말이 나온다.

> "인생은 언덕에서 눈덩이를 굴리는 일과 같다. 작은 덩어리로 시작해서 눈덩이를 굴리다 보면 끝에 가서는 정말 큰 눈덩이가 된다. 중요한 것은 (잘 뭉쳐지는) 습기를 머금은 눈과 길고 긴 언덕을 찾는 일이다."

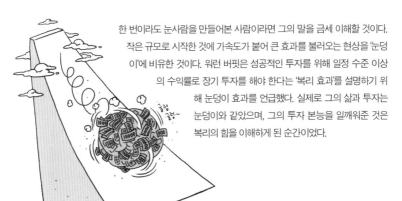

한 번이라도 눈사람을 만들어본 사람이라면 그의 말을 금세 이해할 것이다. 작은 규모로 시작한 것에 가속도가 붙어 큰 효과를 불러오는 현상을 '눈덩이'에 비유한 것이다. 워런 버핏은 성공적인 투자를 위해 일정 수준 이상의 수익률로 장기 투자를 해야 한다는 '복리 효과'를 설명하기 위해 눈덩이 효과를 언급했다. 실제로 그의 삶과 투자는 눈덩이와 같았으며, 그의 투자 본능을 일깨워준 것은 복리의 힘을 이해하게 된 순간이었다.

14 나의 적금 이자는 얼마나 될까?

연이율, 혹시 이렇게 생각하셨나요?

오랫동안 백수로 지내던 김 사원. 몇 번의 낙방으로 고심하던 끝에 드디어 원하는 일자리를 찾았다. 그리고 대망의 첫 출근일, 김 사원은 큰 결심을 했다.

'무슨 일이 있어도 열심히 일해 1년 후에는 꼭 여행을 가리라!'

그날 점심시간에 김 사원은 여행적금을 하나 넣기 위해 은행으로 향했다. 전체적으로 이율은 낮았지만 그중 가장 괜찮은 상품이 눈에 띄어 가입하려고 살펴보았다.

"1년 후에 나도 여행 가즈아!" 적금
- 매월 25만 원
- 1년 만기
- 연이율 2.4%
(이자 과세 15.4%)

김 사원은 1년 뒤에 얼마나 받을 수 있을지 계산해보기 시작했다.

원금 합계 : 25만 원 × 12 = 300만 원

+ 세전 이자 : 300만 원 × 0.024 = 7만 2,000원

- 이자 과세 : 7만 2,000원 × 0.154 = 1만 1,088원

_____

세후 수령액 : 306만 912원

'음, 이 정도면 괜찮군.'

김 사원은 나름대로 만족하며 돌아왔고, 이후 1년 동안 열심히 일을 해서 돈을 모았다. 매월 꼬박꼬박 적금을 넣은 후 1년이 되던 해 적금을 찾기 위해 은행에 왔는데⋯. 대체 이게 무슨 일이람? 은행 직원이 내민 돈과 그 내역을 보니 어이가 없다!

원금 합계 : 300만 원

+ 세전 이자 : 3만 9,000원

- 이자 과세 : 6,006원

_____

세후 수령액 : 303만 2,994원

"이거⋯ 실화인가요?"

이자가 3만 3,000원도 안 된다니, 대체 어떻게 된 일일까? 아마도 김 사원뿐 아니라 많은 사람들이 이런 상황을 한 번쯤은 경험해보았을 것이다. 김 사원처럼 계산했다가 생각보다 적은 이자에 당황한 경우 말이

다. 이제부터 이자 계산법을 정확하게 알아보자.

연이율이라는 것은 일 년을 단위로 해서 정한 이자로, 총 12개월 중 가장 첫 달에 넣은 돈에만 적용된다. 즉 첫 달에 넣은 돈만 은행에서 1년 동안 가지고 있는 돈이 되므로 연이율인 2.4%가 적용되고, 두 번째 달에 넣은 돈은 은행에서 11개월 동안만 가지고 있으니 2.4%에 대한 $\frac{11}{12}$ 만큼의 이자인 2.2%가 적용된다. 결국 열두 번째 달에 넣은 돈은 은행에서 한 달만 가지고 있으니 2.4%에 대한 $\frac{1}{12}$ 만큼의 이자인 0.2%밖에 적용되지 않는 것이다. 이처럼 이자를 계산해보면 다음 표와 같다.

1월	2월	3월	4월	5월	6월	7월	8월	9월	10월	11월	12월	이자율	세전이자
25만 원												2.4%	6,000원
	25만 원											2.2%	5,500원
		25만 원										2%	5,000원
			25만 원									1.8%	4,500원
				25만 원								1.6%	4,000원
					25만 원							1.4%	3,500원
						25만 원						1.2%	3,000원
							25만 원					1%	2,500원
								25만 원				0.8%	2,000원
									25만 원			0.6%	1,500원
										25만 원		0.4%	1,000원
											25만 원	0.2%	500원
최종 이자율과 이자 금액												1.3%	3만 9,000원

표에서 확인해볼 수 있듯이 1년 동안 한 달에 25만 원씩 연이율 2.4%로 적금을 들었을 때 세전 이자는 처음 계산 금액인 7만 2,000원

이 아닌 3만 9,000원이 된다. 이는 전체 원금 300만 원에 대한 1.3%의 금액으로 연이율은 2.4%이지만 원금이 입금된 시기에 따라 1.3%가 되는 것이다.

열심히 모은 적금을 해지하러 갈 때 이자가 생각보다 너무 적어서 허무하고 잘못 적용된 것이 아닌지 따지고 싶을 때가 있을 것이다. '연이율은 년 이자'라는 것을 기억하고 꼼꼼히 따져서 이런 당황스러운 상황을 잘 피할 수 있도록 하자.

3부 $\sqrt{\text{돈이 되는 수학}}$

+ × ÷ − − + × + × ÷ − − + × ÷

$\underline{15}$ 사다리 타기에서 이기는 법

+ × ÷ − − + × + × ÷ − − + × ÷

내가 한 번도 걸리지 않은 이유는?

점심시간이 훌쩍 지나고 오후 3시 반. 한자리에 오래 앉아 있다 보니 슬슬 허리도 아프고, 다른 사람들은 무얼 하나 슬쩍 보니 꾸벅꾸벅 졸고 있는 직원도 있고, 두통이 오는지 관자놀이를 만지고 있는 사람도 있다. 이럴 때 간식 타임처럼 반가운 게 없다.

"사다리 한번 탈까?"

다들 오후의 나른함에 좀 지쳐가던 탓인지 '사다리'라는 말에 귀가 번쩍 뜨이는 듯하다. 삼삼오오 모여들더니 어느새 사무실 직원 8명이 다 모였다.

"김떡순 어때?"

"좋지!"

그때, 김 부장의 한 마디. "오늘은 내가 쏠 테니까 사올 사람만 벌칙으로 정해봐!" 부장님의 시원한 한마디에 환호성이 쏟아진다. 이처럼 단합이 잘될 때가 또 있을까. 막내가 이면지를 가져와 뒷면에 사다리를 쓱쓱 그리기 시작했다. 그 사이 사람들은 요 앞에 새로 생긴 집이 맛있다느니, 그래도 역시 단골집이 최고라느니 신이 나서 옥신각신하고 있다.

'따라라라 따따, 따라라라 따따'

잠시 후, 오늘의 사다리 타기는 임 대리가 딱 걸렸다. 임 대리의 표정이 일그러지는 동시에 다른 이들의 얼굴에는 화색이 돈다. 그리고 나는 이번에도 자연스럽게 패스! 여태껏 사다리 타기를 하면서 다른 사람들이 한 번씩은 걸렸지만 나는 단 한 번도 벌칙에 걸린 적이 없다. 하지만 나만 걸리지 않았다는 사실을 아무도 의심하지 않는다. '사다리 타기는 공평하다'는 생각 때문이다. 그런데 정말 사다리 타기는 공정한 게임일까?

먼저 우리가 사다리 타기를 하는 방법을 정리해보자.

사다리 타기 방법
① 참여하는 사람 수만큼 종이 위에 세로로 선을 긋는다.
② 각각의 선을 또 다른 여러 개의 가로 선으로 무작위로 연결한다.
③ 세로 선 중 하나를 골라 아래쪽에 '당첨'이라 적는다.
④ 위쪽에는 사람 수만큼 번호를 매긴다.
⑤ 참여하는 사람들은 위쪽 세로 선 중 하나를 선택한다.
⑥ 자신의 번호에 해당하는 선을 타고 내려온다.
⑦ '당첨'에 도착하는 사람이 벌칙을 수행한다.

언뜻 보면 공정해 보이는 이 게임이 실은 그렇지 않다면? 조금 전 사무실에서 사다리 타기를 한 8명이 당첨에 걸릴 확률은 각각 12.5%가 되어야 한다. 하지만 조금 자세히 들여다보면 얼마든지 당첨에 걸릴 확률을 낮출 수 있다. 8명이 사다리 타기를 한다는 가정하에 컴퓨터로 1,000 게임 이상을 시뮬레이션해 보니 '당첨'이라고 쓴 선과 먼 곳에서 시작할수록 걸릴 확률이 낮게 나왔다는 사실! 놀랍지 않은가.

사다리 타기, 얼마든지 조작이 가능하다?

이제 사다리 타기가 우연에 의해 결과가 결정되는 공정한 게임이 아니라는 사실을 알았다. 그렇다면 사다리 타기를 조작할 수도 있을까? 사다리 타기에 유리한 조건과 불리한 조건을 알아보기 위해 간단한 예를 하나 들어보자. 가령 두 사람이 사다리 타기를 한다고 해보자. ★에 걸린 사람이 청소 당번이 되는 것이다.

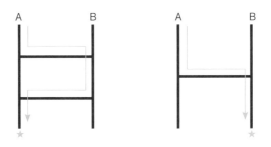

위의 그림처럼 가로 선이 짝수 개일 때는 ★을 적어 넣은 세로 선이, 가로 선이 홀수 개일 때는 ★을 적어 넣지 않은 세로 선이 당첨으로 연결된다. 즉 두 사람이 사다리 타기를 할 때는 가로 선의 수가 짝수인지

홀수인지만 알면 당번에 걸리지 않을 수 있다는 뜻이다.

그럼 둘이 아닌 셋이서 사다리 타기를 하면 어떻게 될까?

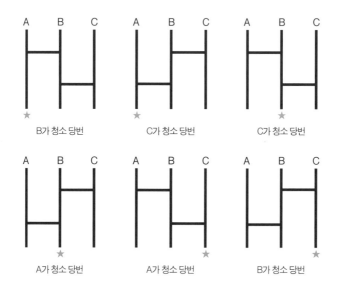

먼저 가로선이 두 개인 경우를 생각해보자. 위의 그림처럼 총 6가지 패턴이 나온다. 이때는 세 사람 모두 당번이 될 확률이 $\frac{1}{3}$로 공평하다. 그런데 여기에 가로 선을 하나 더 추가한다면 어떻게 바뀔까?

B가 청소 당번   B가 청소 당번   B가 청소 당번

그림처럼 B가 청소 당번이 될 가능성이 압도적으로 늘어났다! 이렇듯 선 하나만 추가하는 걸로도 공평성을 완전히 깨고 한 사람에게만 유리하거나 또는 불리한 사다리를 만들 수 있다.

그렇다면 사다리 타기에서 절대 걸리지 않을 수 있는 비법은?

'당첨을 적은 선에서 가장 먼 쪽을 선택하라!'는 것.

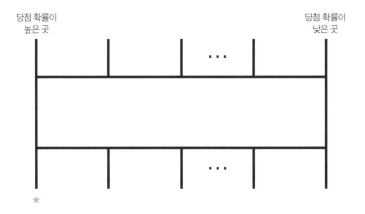

당첨 확률이   당첨 확률이
높은 곳   낮은 곳

앗, 임 대리가 벌써 김떡순을 사가지고 왔다. 오늘도 맛있게 먹어볼까?

+ × ÷ − − + × + × ÷ − − + × ÷

16 스타벅스에서는
쇼트 말고 그란데를 사라

+ × ÷ − − + × + × ÷ − − + × ÷

가성비 좋은 커피는 따로 있다

하루 한 끼 정도는 굶을 수 있어도 하루 한 잔의 커피는 건너뛸 수
없는 시대가 되었다. 거리엔 한 가게 건너마다 카페가 있고, 젊은 사람
들이 찾는 카페 거리도 심심찮게 볼 수 있다. 과거에 고종만이 즐기던
커피를 이제 누구나 자연스럽게 즐길 수 있는 시대가 온 것이다.

카페가 많아질수록 메뉴판에는 이름도 외우기 어려운 많은 종류의
커피가 생겨났지만, 뭐니 뭐니 해도 우리가 가장 많이 찾는 건 바로 '아
메리카노'다.

"따뜻한 아메리카노 한 잔 주세요!"

"무슨 사이즈로 드릴까요?"

우리가 커피를 주문하면 늘 듣는 소리가 있다. 바로 '사이즈'다. 커피

를 좋아하는 사람들은 가장 큰 잔을 주문해서 마시기도 한다. 그렇다면 이 커피의 가격은 사이즈에 딱 맞게 비례하는 것일까? 얼마 전부터 유행하는 경제용어 중 하나는 '가성비'다. 이는 '가격 대비 성능'의 줄임말로 우리가 돈을 주고 산 물건이 가격에 비해 얼마나 큰 성능을 가졌는가를 나타내는 기준이다. 따라서 우리가 매일 한 잔씩 마시는 아메리카노야말로 가성비를 꼼꼼히 따져봐야 하는 대표적인 음료다.

그럼 우리가 커피 전문점 하면 가장 먼저 떠올리는 스타벅스의 컵 사이즈에 따른 가격을 살펴보자. 스타벅스 아메리카노 한 잔의 사이즈별 가격과 부피, 그리고 단위 부피(1oz)에 따른 가격을 계산해보면 가성비를 쉽게 확인할 수 있다.

스타벅스 아메리카노의 사이즈별 부피와 가격

	쇼트(Short)	톨(Tall)	그란데(Grande)	벤티(Venti)
부피(oz)	8	12	16	20
가격(원)	3,600	4,100	4,600	5,100
부피당 가격(원)	450	약 342	287.5	255

사이즈가 클수록 단위 부피에 대한 가격이 더 싸다는 것이 확연히 눈에 들어온다. 커피가 당기는 날에는 큰 사이즈로 사서 마시는 것이 훨씬 이득이라는 것을 알겠는가. 위의 표만 보면 가성비가 가장 좋은 사이즈는 벤티다. 이제부터 스타벅스에 큰 사이즈 컵이 불티가 날 지도 모르겠다.

커피 사이즈가 작을수록 단위 부피당 가격이 비싸다.

그런데 우리가 놓치고 있는 사실이 한 가지 있다. 바로 커피의 '농도'

다. 같은 아메리카노라고 해도 진한 맛이 있는가 하면 상대적으로 연한 맛의 커피가 있다. 카페에 가면 같은 사이즈로 주문을 하면서 "샷 좀 추가해주세요"라고 말하는 친구를 본 적 있을 것이다. "아니, 그럼 너무 쓰지 않을까?" 하는 생각도 들긴 하지만, 요즘은 커피 본유의 깊은 맛을 느끼기 위해 커피를 진하게 즐기는 사람도 늘었다. 그렇다, 바로 몇 잔의 샷이 들어가느냐에 따라 커피의 농도가 결정된다. 그렇다면 여기서 한 가지 궁금증이 더 생긴다. 사이즈는 달라도 들어가는 커피 원액이라 할 수 있는 샷의 양은 동일한 것일까? 진짜 가성비는 농도까지 따져봐야 하는 게 아닐까?

스타벅스 아메리카노는 쇼트 사이즈에 커피 원액인 에스프레소 샷이 하나 들어가고 사이즈가 커질 때마다 샷이 하나씩 더 추가되어 들어간다. 커피와 에스프레소 샷의 부피를 이용하여 사이즈별 농도를 계산해보면 다음 표와 같다.

스타벅스 아메리카노의 사이즈별 농도

	쇼트(Short)	톨(Tall)	그란데(Grande)	벤티(Venti)
농도(%)	$\frac{1}{8} \times 100$ $= 12.5$	$\frac{2}{12} \times 100$ $≒ 16.7$	$\frac{3}{16} \times 100$ $= 18.75$	$\frac{4}{20} \times 100$ $= 20$

사이즈가 클수록 커피가 진해지므로 벤티 사이즈가 가장 진한 커피고, 쇼트 사이즈가 가장 연한 커피라고 할 수 있다.

그럼 여기서 사이즈별 부피, 가격, 농도를 모두 살펴본 종합 가성비

최고의 아메리카노를 알아보자. 우리는 앞에서 쇼트 사이즈의 부피당 가격은 450원, 그란데 사이즈의 부피당 가격은 287.5원이라는 사실을 확인했다. 그란데 사이즈의 부피가 쇼트 사이즈 부피의 두 배라는 것을 감안했을 때 쇼트 사이즈 두 잔 가격보다 그란데 사이즈 한 잔의 가격이 훨씬 저렴하다. 그러니 스타벅스에 간다면 쇼트 사이즈 두 잔보다 그란데 사이즈 한 잔을 시키는 것이 이득임을 명심해두길!

$$\underline{17}\ \textbf{일상 속 닮음비 이야기}$$

닮은 도형과 넓이의 비

이 세상에는 도형의 모습과 닮은 꼴인 것들이 너무도 많다. 수학이 재미있거나, 이 책을 통해 수학의 즐거움을 조금이라도 알게 되었다면 우리 주변에서 도형과 닮은 것들을 찾아낼 수 있다. 지금부터는 도형을 닮은 것들의 이야기를 통해 넓이의 비를 쉽게 이해해보려 한다.

*피자 고르기

우리나라는 세계 어느 곳보다 배달 시스템이 발달되어 있다. 예전부터 전화 한 통이면 짜장면부터 족발, 치킨 등 맛있는 음식을 손쉽게 먹을 수 있다. 그리고 스마트폰이 발달하면서 탄생한 배달 앱 덕분에 평소 배달이 힘들던 음식들까지 편하게 집에서 먹을 수 있게 되었다. 하지만 뭐니 뭐니 해도 우리가 집에서 가장 많이 배달 시켜먹는 음식은 치킨과 피자가 아닐까? 그중에서도 다양한 토핑과 크기도 다양한 피자는 놓칠 수 없는 즐거움이다.

XXL 피자, 한 판에 5만 원!   S 피자, 한 판에 만 원!

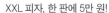

마침 오늘 축구경기가 있어 친구들과 피자를 시켜 먹기로 했다. 배달 앱으로 들어가 메뉴를 보니 가장 큰 XXL 사이즈의 커다란 피자와 가장 작은 S 사이즈의 피자가 눈에 띄었다. XXL 피자는 지름이 45cm이고 S 피자는 지름이 15cm라고 한다. 커다란 XXL 피자 한 판의 가격은 S 피자 5판의 가격과 같았다. 둘 중 한 가지 크기의 피자를 선택해야 한다. 오늘 집에 오기로 한 친구들이 4명이니 나까지 5명이 먹으려면 한 판씩 먹는 게 편하겠다 싶어 S 사이즈 피자 5판을 주문했다. 과연 나는 XXL 피자 한 판보다 더 많은 양을 주문한 것일까?

커다란 피자 한 판과 작은 피자 5판. 같은 가격에 다른 크기의 피자 사이에서 어떤 것을 주문하는 게 이득인지 궁금하다면 닮은 도형의 비를 알면 된다.

XXL 피자는 지름이 45cm이고 S 피자는 지름이 15cm이다. 두 피자의 지름의 비는 3 : 1이므로 넓이의 비는 3^2 : 1^2이다. 즉 9 : 1이 된다. 따라서 XXL 피자 한 판은 S 피자 9판에 달하는 크기인 것이다. 친구들끼리 한 판씩 편하게 먹겠다는 생각에 같은 가격을 주고도 훨씬 적은 양의 피자를 주문한 셈이다.

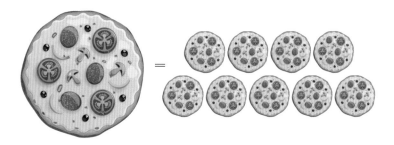

앞으로 피자나 김치전을 먹을 경우 큰 사이즈와 작은 사이즈 사이에서 고민한다면 반드시 두 음식의 넓이 비율을 따져보자. 같은 돈을 주고 적은 양을 먹는 것만큼 억울한 일도 없을 테니까.

* 글자 크기 두 배로 만들기

리포트를 쓰거나 보고서를 한 번 더 손봐야 할 때 우리는 가장 적당한 글자 크기를 고민하고는 한다. 다양한 크기의 글자를 조절해보다 가장 알맞은 크기를 결정했다고 하자. 이때 만약 출력할 종이의 크기를 가장 일반적인 용지 크기인 A4 사이즈에서 그 두 배인 A3 사이즈로 변경하기로 했다. 그런데 신기하게도 용지의 크기는 두 배로 늘어났는데 출력물을 보니 글자 크기는 두 배로 늘어나지 않았다. 왜 그럴까?

여기에도 닮은 도형의 비가 적용된다. 면적이 두 배가 되면 넓이의 비는 1 : 2가 된다. 이에 따라 길이의 비는 1 : $\sqrt{2}$, 약 141%의 비율로 늘어난다. 이는 닮은 도형의 비가 적용된 결과다. 따라서 단순히 A4 용지를 두 배 크기인 A3 용지로 늘리더라도 출력된 결과물 속 글자의 크기는 두 배가 될 수 없다. 따라서 A4 용지의 글씨를 두 배로 키워서 출력하고 싶다면 A4 용지의 네 배 사이즈인 A2 용지를 선택해서 확대해야만 글씨의 크기가 두 배로 커진다.

두 평면도형의 닮음비가 $m : n$이면 넓이의 비는 $m^2 : n^2$

닮은 도형과 부피의 비

피자와 글자 크기를 통해 넓이의 비를 이해했다면 이번에는 부피의 비를 이해할 차례다. 동그랗고, 네모나고, 세모진 다양한 도형을 볼 때마다 떠오르는 것들은 제법 많다. 동그란 수박, 네모난 비누, 원통형의 두루마리 화장지, 원뿔 모양을 한 콘 아이스크림과 칵테일 잔 이야기를 통해 닮은 도형의 부피를 이해해보자.

* 어떤 수박을 고를까?

때는 무더위가 절정에 다다른 8월. 한낮의 뜨거운 태양이 내리쬐는 시간에는 가만히 있어도 땀이 줄줄 흐른다. 집집마다 에어컨이 없으면 버티기 힘들 정도로 여름의 더위는 강렬하다. 이럴 때는 시원한 에어컨 바람을 맞으며 달콤한 수박을 먹는 것보다 즐거운 일도 없다.

오늘은 집에 가는 길에 무슨 일이 있어도 잘 익은 수박 한 통을 사야겠다는 생각으로 집 앞 과일가게에 들렀다. 작은 수박부터 커다란 수박, 그리고 잘 익은 붉은색을 드러내며 반으로 쪼갠 수박 반 통까지…. 내 눈을 사로잡는 수박들이 너무 많다. 그런데 알고 있는가? 이럴 때 닮은 도형의 부피의 비를 적용한다면 같은 가격으로도 훨씬 이득인 구매를 할 수 있다.

지금 내 눈앞 과일가게 가판대에는 다양한 수박들이 놓여 있다. 이들 중 나는 지름이 20cm인 1만 원짜리 수박과 지름이 40cm인 3만 원짜리 수박 사이에서 고민 중이다. 지갑에는 수박을 사려고 생각한 돈 3만 원이 들어 있다. 어떤 수박을 골라야 더 이득일까? 1만 원짜리 세 통? 아니면 3만 원짜리 한 통?

얼핏 생각하기에는 지름이 20cm인 수박 세 통을 사는 것이 훨씬 이득인 것처럼 보인다. 그러나 닮은 도형의 부피의 비를 따져보면 결코 그렇지 않다. 두 수박의 지름의 비가 1 : 2라면 부피의 비는 $1^3 : 2^3$으로 1 : 8이 된다. 즉 지름이 40cm인 수박 한 통과 같은 부피가 되려면 지름이 20cm인 수박 8통이 있어야 한다는 뜻이다. 닮은 도형의 부피의 비는 닮음비의 세제곱의 비와 같다는 사실만 알고 있다면 얄팍한 상술에 속아 손해 보는 일은 결코 없을 것이다.

*비누와 두루마리 휴지는 왜 시간이 갈수록 더 빨리 닳을까?

어느 집 화장실에 가도 꼭 볼 수 있는 두 가지가 있다. 바로 비누와 두루마리 휴지다. 그런데 비누든 두루마리 휴지든 처음 사용하기 시작할 때만 해도 '이걸 언제 다 쓰지?' 하는 생각을 할 만큼 쉬이 줄어들지 않는다. 한동안은 도통 줄어들지 않는 것 같은 이들도 절반 이상 줄어들고 나면 그즈음부터는 눈에 띄게 크기가 작아지는 게 느껴진다. 여기에도 닮은 도형과 부피의 비가 관련되어 있다.

먼저 비누를 살펴보자. 비누는 직육면체다. 가로, 세로, 높이가 각각 $\frac{1}{2}$로 줄어들면 그 부피는 $\frac{1}{8}$로 줄어든다. 따라서 비누를 사용할 때마다 손에 묻히는 비누의 양이 같다고 가정한다면 비누를 사용할수록 크기가 줄어드는 속도가 빨라지는 것은 너무나 당연한 결과다.

다음은 두루마리 휴지를 살펴보자. 휴지가 꽤 남아 있는 것을 보고 볼일을 봤는데 막상 뒤처리를 하려고 보니 남은 휴지의 길이가 생각만큼 길지 않아 난처했던 적이 한 번쯤은 있을 것이다. 두루마리 휴지는 원통 모양이다. 두루마리 휴지가 원통 한 바퀴에 감긴 양은 휴지가 얼마나 남아 있느냐에 따라 다르다.

사용하기 전의 두루마리 휴지는 원통이 두껍다. 이는 곧 부피가 크다는 뜻이다. 부피가 큰 만큼 한 바퀴가 네 칸 정도로 이루어져 있다. 그만큼 표면적이 넓은 것이다. 하지만 휴지가 반쯤 남았을 때는 원통이 그만큼 가늘어져 있다. 부피가 줄어들었으므로 한 바퀴를 이루는 휴지 칸의 수도 당연히 줄어 있다.

당신이 일을 본 후 평소에 휴지를 8칸 정도 사용한다고 하자. 처음에는 두 바퀴만 돌리면 해결이 가능하다. 허나 두루마리 휴지를 절반쯤 사용했을 때는 8바퀴를 돌려야 평소와 같은 양으로 해결할 수 있다. 따라서 휴지를 사용하면 사용할수록 줄어드는 속도가 빨라지는 것은 너무도 당연한 결과다.

비누와 두루마리 휴지가 줄어드는 속도는 일상생활에서 쉽게 지나치기 쉬운 현상이다. 하지만 수학적으로 접근해보면 그 원인을 찾을 수 있다. 닮은 도형과 부피의 비는 이처럼 주변의 사소한 일들 속에서 소소한 재미를 찾을 수 있는 수학 원리다.

* 콘 아이스크림 나누기

어린 시절 여름방학을 앞뒀을 즈음 수업이 끝나고 친구들과 가장 먼저 달려가는 곳은 학교 앞 문방구였다. 땀을 뻘뻘 흘리며 문방구 앞에 놓인 냉동고의 문을 열고 친구들과 앞다퉈 아이스크림을 고르곤 했다.

아이스크림을 사서 베어 물려고 하면 기다렸다는 듯이 "딱 한 입만" 하면서 다가오는 친구들이 꼭 있다. 때때로 아이스크림을 살 돈이 모자랄 때는 친구와 절반씩 돈을 모아 하나를 사서 나눠 먹기도 한다. 이때 우리가 하드라 부르는 직사각형 모양의 아이스크림은 절반을 나누는 게 어렵지 않지만 뒤집힌 원뿔 형태의 콘 아이스크림은 다르다. 정확히 절반으로 나누는 것이 여간 어려운 일이 아니다. 어떻게 해야 콘 아이스크림을 정확히 반으로 나눠먹을 수 있을까?

가장 간단한 방법은 아이스크림을 세로로 자르는 것이다. 하지만 그렇게 자른 아이스크림을 어떻게 먹을 수 있겠는가? 가로로 자를 수 있어야 훨씬 편하게 먹을 수 있다. 그럼 이제부터 원뿔 모형의 콘 아이스크림을 정확히 가로로 이등분하는 방법을 알아보자.

원뿔의 부피를 잘 모르는 사람들은 한가운데 부분을 자르면 되지 않느냐고 물을 수 있다. 그러나 그렇게 자르면 아이스크림의 윗부분과 아랫부분의 부피 비율은 7 : 1이 되어버린다. 아랫부분을 받은 사람은 한입에 털어 넣을 정도로 적은 부피의 아이스크림을 먹고 나서 친구가 먹는 모습을 구경해야 할 상황이 된다.

가령 길이가 20cm인 콘 아이스크림이 있다고 하자. 이 아이스크림은 밑에서부터 약 16cm가 되는 부분을 잘랐을 때 위아래 모두 같은 양으로 나눌 수 있다. 만일 친구나 가족과 콘 아이스크림을 반으로 나눠 먹어야 할 상황이 온다면 이 방식을 적용하자.

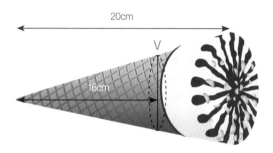

V 부분을 잘라야 정확히 반으로 나눴다고 할 수 있다!

한마디 덧붙이자면 한 입만 달라는 사람에게 잘못 걸렸다가는 콘 아이스크림의 한 입이 아이스크림의 절반을 내주는 일이 될 수도 있다. 부피상 윗부분에 아이스크림의 대부분이 몰려 있기 때문이다. 상대방의 입 크기를 잘 보고 한 입을 줄지 반 입을 줄지 잘 생각해보기 바란다.

* 칵테일 반 잔만 따라주세요?

칵테일 잔은 여느 컵과는 모양이 다르다. 원뿔을 뒤집어놓은 모양에 가느다랗고 긴 목을 하고 있다. 평소에는 한 잔 가득 담아 마시던 나였지만 오늘은 피곤해서인지 그렇게 마셨다가는 취할 것 같다. 딱 반 잔만 마시고 싶은 마음에 바텐더에게 평소와 다른 주문을 하기로 했다.

"평소에 먹는 양의 절반만 따라주세요."

내 주문을 받은 바텐더는 과연 어느 정도 높이로 잔을 채워야 할까? 잔의 절반 높이? 아니면 $\frac{2}{3}$ 높이? 이는 과연 내가 평소에 먹던 칵테일 한 잔의 절반이 맞을까?

만일 칵테일을 잔 높이의 절반까지 채우게 되면 칵테일이 만드는 반지름은 잔의 반지름의 절반이 된다. 원뿔의 부피는 원주율에 반지름의 제곱, 높이의 $\frac{1}{3}$을 곱한 값이다. 그러므로 잔의 절반 높이만 칵테일을 채우면 결국 내가 마시게 되는 칵테일의 양은 평소 마시던 가득 채운한 잔의 $\frac{1}{8}$밖에 되지 않는다.

원뿔 모선의 길이가 10cm, 높이가 8cm, 밑면의 반지름이 6cm인 칵테일 잔에 칵테일을 반만 따르려 한다고 가정해보자. 정확히 반을 채우려면 어느 높이까지 채워야 할까? 닮음비를 이용해 계산하면 밑에서

약 6.35cm 정도가 되는 부분까지 따라야 반을 따랐다고 볼 수 있다.

간략하게 정리하면 잔 높이의 약 80% 정도 되는 지점까지 따라야 반 잔을 따른 것이 된다. 혹시라도 바텐더가 반 잔을 따라 달라는 주문에 반밖에 안 되는 높이로 칵테일을 따라준다면 80% 정도 되는 곳까지 채워달라고 이야기하자.

두 입체도형의 닮음비가 $m : n$이면 부피의 비는 $m^3 : n^3$

18 로또는 행운인가? 확률인가?

로또에 당첨될 확률과 큰 수의 법칙

세상 모든 직장인들은 월급날을 기다린다. 하지만 대부분의 직장인에게 월급날만큼 허탈한 날도 없다. 통장을 스치듯 지나가며 카드값, 전세대출금, 보험료, 적금 등이 빠져나가고 나면 얼마 남는 게 없기 때문이다. 그런 날이면 절실하게 드는 생각이 있다.

'오늘 집에 가는 길에 로또나 사야지.'

그런데 종종 로또 당첨자들이 판매 마감 시간인 토요일 저녁 8시 직전이나 마감 한 시간 전에 겨우 구입했다는 기사를 보곤 한다. 그날 이후로 나는 일찍 로또를 사고 싶은 마음을 꾹 참고 토요일 저녁 7시까지 기다린다. 마침 동네에 1등이 무려 5번이나 당첨된 명당이 있어 반드시 그곳에서 산다. 나와 같은 생각을 하는 사람들이 많은 건지, 아

니면 깜빡하고 로또 사는 것
을 잊은 사람들이 많은 건
지, 그마저도 아니면 여기가
1등이 많이 당첨된 대박집이
라 그런 건지, 로또를 사려
고 바글바글 줄을 선 사람

들 사이에 서니 많은 생각이 든다.

그리고 마침내 내 순서가 왔다. 늘 그렇듯 자동 1만 원어치를 산다. 손에 쥐어진 로또를 보면서 상상의 나래를 펼친다. '만약 1등이 되면 뭐부터 하지? 회사부터 그만둘까? 아니야, 요즘에는 당첨자가 많아서 당첨금도 많지 않은데 섣불리 회사를 그만둘 수는 없지. 일단 작은 건물을 하나 사서 건물주가 되는 게 제일이지. 그래도 최소 1억 원 정도는 나를 위해 쓰자! 늘 로망이었던 포르쉐를 한 대 사거나 럭셔리 해외여행을 다녀오거나.' 이런 생각만 해도 얼굴에 저절로 미소가 번진다.

그리고 한 시간 뒤, 드디어 로또 당첨 번호를 공개하는 시간이다. 허리를 곧추세우고 경건한 자세로 로또를 손에 들고 기계에서 번호가 나오는 모습을 바라본다. "첫 번째 번호는 6번입니다." 아나운서의 경쾌한 목소리와 달리 온몸에 힘이 빠진다. 첫 숫자부터 하나도 맞지 않았다. 뒤이어 11, 15, 17, 23, 40번이 불렸다. 내가 산 1만 원어치 로또는 17번과 40번이 두 번씩 맞았을 뿐이다. 역시 이번에도 꽝이다.

대체 왜 이렇게 로또 당첨이 어려운 건지. 하다못해 4등이라도 한번 당첨됐으면 좋겠다. 나만 이렇게 당첨이 안 되는 건가 싶어 '로또 당첨되는 법'을 검색하니 그 밑으로 수십 개의 로또 분석 사이트가 주르 륵 늘어선다.

당첨 확률이 높은 번호는?

로또 분석 사이트에 들어가 보면 당첨 확률이 높은 번호를 알려주는 것은 물론 지금까지 당첨된 번호를 분석해 알려주는 그래프까지 확인할 수 있다. 예를 들어 807회까지 가장 많이 당첨된 번호는 27이다. 27은 총 145회 당첨된 번호다. 가장 적게 당첨된 번호는 9로 총 99회 당첨되었다. 이러한 분석을 이용해 로또에 당첨될 확률을 높일 수 있을까?

145회나 당첨된 27은 일단 제외하자. 그만큼 많이 당첨됐으니 이번에는 당첨되지 않을 확률이 더 높을 것이다. 그에 반해 9는 이제까지 99회밖에 당첨이 안 됐으니 이번에는 나올지도 모른다. 상대적으로 이제껏 가장 적게 나온 번호를 선택하면 로또에 당첨될 확률도 높아지지 않을까?

로또에도 기술이 존재할까?

그렇다면 과연 내가 생각한 이 방법이 정말 로또에 당첨될 확률을 높여줄까? 결론부터 말하자면 이런 방법으로 로또를 한다면 평생 당첨될 일은 없을 것이다. 이런 선택에는 '큰 수의 법칙'이라는 함정이 존재하기 때문이다.

큰 수의 법칙이란 '동전 던지기와 같은 통계 실험을 무한히 반복하면 수학적 확률에 근접한다'라는 논리다. 가령 동전 던지기를 무한히 반복하면 결과적으로 앞면이 나올 확률은 $\frac{1}{2}$에 가까워진다는 것이다.

로또에서 하나의 번호가 당첨 번호에 속할 확률은 이론적으로 $\frac{6}{45}$, 약 13.3%이다. 분석 사이트의 자료를 참고해 27과 9를 따져보면 807회까지 27은 총 145회 나왔으므로 $\frac{145}{807}$, 약 18%이다. 9는 총 99회 나왔으므로 $\frac{99}{807}$, 약 12.2%이다. 큰 수의 법칙에 따르면 27이 나올 확률이 13.3%에 도달하기 위해서는 한동안 당첨되지 않을 가능성이 높다. 반대로 9는 더 자주 당첨될 것이다.

그러나 여기에는 큰 함정이 있다. 모든 번호의 로또 당첨 확률은 똑같다는 사실이다. 실제로 당첨 번호를 뽑기 전까지 모든 번호의 당첨 확률은 동일하다. 확률은 이전의 결과에 영향을 받지 않는다. 27이 당첨될 확률이든 9가 당첨될 확률이든 항상 $\frac{6}{45}$이다. 따라서 27이 앞으로 200번 연달아 나올 수도 있고 반대로 9가 한 번도 안 나올 수도 있는 것이다.

결과적으로 로또 번호를 맞출 수 있는 방법, 즉 로또에 당첨될 확률을 높이는 방법이란 존재하지 않는다. 만약 그런 게 있다면 이미 많은 수학자들이 부자가 됐을 것이다. 그리고 너도나도 수학과 로또에 매달렸을 것이다. 그럴싸한 분석으로 일확천금의 기회를 줄 것 같은 로또 분석 사이트는 결국 얄은 눈속임에 불과하다. 그러니 여기에 매달리거나 지나치게 헛된 상상을 하지 말자. 그저 당첨이 되면 무얼 할지 상상하는 즐거움만으로도 로또는 이미 충분한 값어치를 한 것이니 말이다.

19 사기꾼에게 절대로 속지 않는 법

나랑 내기 게임 한판 할까?

오늘도 악마의 유혹이 내 앞에 와 있다. '착착착착'. 귀에 감기는 소리를 내며 카드를 섞고 있는 한 여자, 바로 우리 사무실의 신입사원 고주임이다. 그녀는 종종 점심시간에 카드를 들고 와 불쑥 내기를 신청하곤 한다.

"과장님, 한 게임?"

도박도 아닌데 왠지 뿌리치기 힘든 이 유혹이란. 나도 모르게 어느새 고개를 끄덕이고 있다.

고 주임이 내게 내민 것은 세 장의 카드. 하나는 양면이 검은색이고 다른 하나는 양면이 흰색이며, 나머지 하나는 앞면이 흰색이고 뒷면이 검은색인 카드다. 고 주임은 내게 카드를 건네주며 우선 자신이 볼 수 없도록 테이블 아래에서 카드를 섞으라고 말했다. 그리고 그중 하나를 뽑아 책상 위에 올려놓으라는 것이다.

"나머지 두 장은 그대로 테이블 아래에 숨겨두시고요."

나는 슬그머니 책상 위에 검은색 카드 한 장을 올려놓는다. 그것을 골똘히 보던 고 주임이 말한다.

"이 카드는 양면이 흰색인 카드는 아니겠네요."

"당연히 그렇겠지?"

"한쪽이 흰색인 카드이거나, 둘 다 검정인 카드이겠군요."

맞는 말이니 나는 고개를 끄덕인다.

"뒷면이 검정 아니면 흰색이니 확률은 반반이겠는데요?"

그녀의 말에 오류는 없으니, 나는 다시 한 번 고개를 끄덕인다. 그러자 고 주임이 본격적으로 내기를 시작한다.

"뒷면이 검은색이라는 데 1,000원 걸게요."

"흠…"

지금껏 번번이 고 주임에게 속아 돈을 뜯겼다. 이번에도 질 것만 같은 찜찜한 마음에 선뜻 내기를 받아주지 못하자, 고 주임이 부추긴다.

"에이 참. 뒷면이 검은색이면 저한테 1,000원을 주시고요. 만약 흰색이면 제가 1,500원 드릴게요. 어때요?"

생각해보니 손해나는 장사는 아닌 것 같아, 나도 모르게 고개를 끄덕이고 만다. 절반의 확률인데 내가 받을 돈이 500원이 더 많으니 귀가 솔깃해질 수밖에. 처음 한 판을 이기고 나자 저절로 기고만장해졌다. 나에게 1,500원을 주며 고 주임이 두 판만 더 하자고 했을 때 이게 웬일인가 싶어 대번에 수락하며 카드를 섞었다. 그런데 이 기분은 뭘까? 점심시간이 끝나고 자리에 앉아 가만히 게임을 되새길수록 이번에도 어김없이 내가 당한 것 같은 찜찜함이란. 실제로 계산해보니 몇 차례나 더 게임을 하면서 돈을 잃은 쪽은 고 주임이 아니라 내가 아닌가.

카드 내기에 감춰진 속임수의 비밀

언뜻 보면 반반의 확률이니 이겨도 져도 손해 볼 게 없을 것 같지만, 실은 그렇지 않다. 내가 질 확률은 절반이 아니라 3분의 2이기 때문이다. 즉 이 게임을 세 번 하면 나는 한 번 이기고(얻는 돈은 1,500원), 고 주임은 두 번 이긴다(얻는 돈은 2,000원). 대체 왜 그런 걸까?

카드 게임에 감춰진 속임수의 비밀은 다음과 같다.

고 주임은 책상 위에 올려놓은 카드의 색깔과 무조건 같은 색깔에 돈을 건 것이다. 왜냐하면 양면의 색깔이 같은 카드는 두 장이고, 양면의 색깔이 다른 카드는 한 장밖에 없기 때문이다. 애초에 고 주임이 이

길 확률은 3분의 2이고, 내가 이길 확률은 3분의 1밖에 되지 않았던 것이다.

'아니, 이번에도 또 속은 거야?' 원통함을 이기지 못하고 있을 때 고 주임이 음료수 한 병을 책상 위에 올려놓고 간다. 아마도 나와의 게임에서 딴 돈으로 산 것이겠지. 그리고 음료수에 붙어 있는 쪽지 한 장.

'과장님, 사기꾼에게 속지 않으려면 정신 바짝 차리셔야겠어요!'

<u>20</u> 몬티 홀 문제

선택을 바꿀 것인가, 아니면 그대로 갈 것인가

영화 〈21〉은 MIT의 천재들이 '블랙잭'이라는 팀을 만들어 신분을 위장한 채 주말이면 라스베이거스로 날아가 어마어마한 돈을 벌어들이는 과정을 보여준다. 영화 속 주인공인 수학 천재 '벤'과 그의 뛰어난 능력을 알아본 교수 '미키'. 수업시간에 미키는 "벤에게 추가 점수를 얻을 기회를 줘보기로 하지"라며 '게임 진행자의 문제'라고 부르는 하나의 문제를 낸다.

"벤, 자네가 게임쇼에 나왔다고 가정하세. 세 개의 문 중에서 하나를 고를 수 있어. 셋 중 하나의 문 뒤에는 새 자동차가 있지. 그리고 나머지 두 개의 문 뒤에는 염소가 있다네. 벤, 자네는 어느 문을 선택하겠나?"

벤이 대답했다. "1번 문이요."

"1번 문! 자네는 1번 문을 골랐구먼. 게임 진행자는 문 뒤에 무엇이 있는지를 알고 있어. 그는 자네가 선택한 문이 아닌 다른 문을 열기로 했지. 그래서 3번 문을 열었어. 거기에는 염소가 있었네. 그리고 벤, 자네에게 다가와 계속 1번 문을 선택할 것인지 아니면 다른 문으로 바꿀 것인지 물어보지. 자네의 직감을 따른다면 선택을 바꿀 텐가?"

"네."

"잠시만. 잊지 말게, 진행자는 어느 문 뒤에 자동차가 있는지 알고 있다는 것을. 대체 자네는 진행자가 자네를 속이려는 게 아니라는 것을 어떻게 알 수 있지? 반심리학을 이용해 염소를 고르게 하려는 걸 수도 있지 않은가?"

벤이 미키 교수의 물음에 답했다.

"그런 건 별로 상관없습니다. 저는 그저 통계학에 근거해 답한 겁니다. 변수가 바뀌었잖아요."

그러자 미키 교수가 되물었다.

"간단한 질문 하나를 던졌을 뿐인데 변수가 바뀌었다고?"

"네, 그래서 전부 바뀌었죠."

"설명해보게."

벤은 자신이 2번 문으로 선택을 바꾼 이유를 설명했다.

"처음에 문을 선택했을 때는 맞을 확률이 33.3%였죠. 하지만 문 하나를 더 열고 다시 선택의 기회를 준다는 건 선택을 바꾼다면 확률이 66.7%로 올라가는 거죠. 그러니 2번 문을 선택하겠습니다. 33.3%의 확률을 더 얹어주셔서 감사합니다."

벤의 말을 들은 미키 교수는 이렇게 말했다.

"정확히 맞췄어!"

사실 이 문제는 1963년부터 40년이나 방영된 미국의 TV 퀴즈 프로 그램 〈거래를 합시다Let's make a deal〉에서 유래된 문제다. 진행자였던 몬티 홀Monty Hall의 이름을 따서 '몬티 홀 문제'라고도 불린다.

앞서 벤의 설명만으로는 대체 어떻게 문제를 푼 것인지 선뜻 이해가 가지 않을 것이다. 지금부터 좀 더 자세히 '몬티 홀 문제'를 알아보자. 우리는 같은 상황에 아직 열리지 않은 두 개의 문을 두고 처음의 선택 을 유지하는 것이 좋은지, 아니면 바꾸는 것이 나을지 결정하지 못하 고 고민만 거듭할 것이다. 왜 벤의 말대로 선택을 바꾸는 것이 좋은지 지금부터 그 결과를 찬찬히 풀어나가 보기로 하자.

우선 가능한 경우는 3가지로 정리할 수 있다.

① 남은 문은 두 개뿐이니 선택을 바꾸거나 바꾸지 않거나 확률은 5 : 5로 동일하다.
② 선택을 바꾸는 것이 자동차를 갖게 될 가능성이 높다.
③ 선택을 바꾸지 않는 편이 더 유리하다.

TV 퀴즈 프로그램에서 이 문제가 출제된 뒤 칼럼니스트이자 기네스 북에 최고의 IQ를 가진 사람으로 기록된 마릴린 사반트Marilyn Savant는 자신의 칼럼에서 이 문제에 관해 다음과 같이 충고했다.

"자동차를 얻고 싶다면 선택을 바꾸세요. 처음 선택한 문에서는 이길 확률이 $\frac{1}{3}$ 이지만, 다른 문을 선택하면 이길 확률이 두 배인 $\frac{2}{3}$ 가 됩니다."

이런 결과를 예측한 뒤 사반트는 전 세계의 수많은 사람들로부터 항의를 받았다고 한다. 처음의 선택을 바꾸든 바꾸지 않든 당첨될 확률은 각각 $\frac{1}{2}$ 로 동일한 것이 아니냐는 것이다. 그녀는 선택을 바꿨을 때와 바꾸지 않았을 때 일어날 수 있는 6가지 경우를 제시했다.

몬티 홀 문제 경우의 수

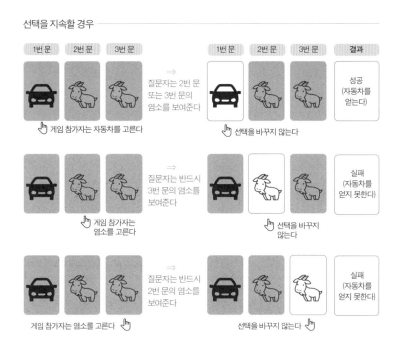

선택을 지속할 경우

선택을 바꿀 경우

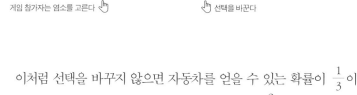

이처럼 선택을 바꾸지 않으면 자동차를 얻을 수 있는 확률이 $\frac{1}{3}$이지만 선택을 바꾸면 자동차를 얻을 수 있는 확률이 $\frac{2}{3}$라는 것이다. 그럼에도 논란은 끊이지 않았다.

당신의 직관을 믿지 마라

사실 이 문제는 단순해 보여도 그리 간단한 문제가 아니다. 몬티 홀 문제는 3세부터 수학을 파고들어 천재로 불린 헝가리의 수학자 폴 에르되시Paul Erdös마저 어려워했다. 그는 평생을 수학에만 파묻혀 있었을 정도로 광적인 수학도였고, 오늘날 1,475권의 출판물을 남길 만큼 어려운 수학 이론을 파헤쳤던 인물이다. 그런 그도 몬티 홀 문제를 쉽게 풀지 못했다.

이 문제가 멋진 것은 많은 사람들이 함께 문제를 풀어나간다는 사실이다. 과연 어떻게 해야 가장 근접한 답을 얻을 수 있을지에 대해 서로 다양한 의견을 주고받는다는 것이다. 실제로 몬티 홀 문제를 두고 미국의 중앙정보국 CIA와 MIT 교수들이 열띤 토론을 벌였다는 이야기도 있다.

내가 만난 대부분의 사람들은 '선택을 바꾸지 않는다'를 정답으로 꼽았다. 하지만 처음 선택을 바꾸는 것이 자동차를 얻을 확률을 두 배나 높여준다는 사실을 알고 나면 모두 놀라곤 한다. 이는 다양한 이론으로 증명할 수 있지만 가장 간단한 방법은 앞서 그림에서 보여준 것처럼 어떻게 두 경우가 성공에 이르는지를 확인해보는 것이다. 내가 선택을 바꾸지 않는다면 내 선택으로 자동차가 있는 문을 맞혔을 경우에만 자동차를 얻을 수 있다. 자동차는 한 대뿐이지만 문은 세 개다. 자동차가 각 문의 뒤에 있을 확률은 같으므로 자동차를 얻을 수 있는 확률은 $\frac{1}{3}$이 된다.

그런데 선택을 바꾼다면 어떻게 될까. 첫 번째 선택에서 염소가 있는 두 개의 문 중 하나를 골랐을 경우에 다른 문으로 바꾸면 자동차를 얻을 수 있다. 염소가 있는 문은 두 개이므로 염소를 선택했을 확률은 $\frac{2}{3}$가 된다. 맨 처음 염소가 있는 문을 선택했다면, 질문자는 염소가 있는 다른 문을 어쩔 수 없이 열어야 하고, 내가 결정을 바꾼다면 자동차가 있는 문을 선택하게 된다.

참고로 영화 〈21〉 속의 미키 교수는 선택을 바꿀 것이라는 벤의 대답에 만족하며 이렇게 이야기했다.

"어떤 문이 열릴지 알 수 없다면 항상 변수가 변한다는 거야. 대부분의 사람들은 선택을 바꾸지 않지. 불신이나 두려움 따위의 감정들 때문이야. 하지만 벤은 감정을 배제했지. 그리하여 간단한 수학 계산으로 최신형 자동차를 얻게 된 거지."

미키 교수의 이야기는 몬티 홀 문제가 단순히 숫자적 확률만이 아니라 이득이 증가할수록 위험을 회피하고자 하는 직관의 함정과 심리적 확률까지 더해진 결과를 함께 다루고 있다는 것을 보여준다. 이처럼 수학의 세계는 다양한 분야와 연결되어 있다. 그것은 곧 수학의 묘미이기도 하다.

21 수학자들은 도박을 잘할까?

도박은 확률 게임이다?

영화 〈타짜〉는 코믹 요소가 다분함에도 보는 사람의 손에 땀을 쥐게 했다. 목숨까지 건 무시무시한 내기 때문이었을 것이다. 영화를 보면 한 번 도박에 손대면 결코 빠져나올 수 없을 것처럼 보인다. 잃으면 본전 생각이 나서이기도 하고, 한 번 승리하면 그 맛을 잊지 못해서이기도 하다. 게다가 도박은 그 자체로도 재미있다.

도박을 소재로 한 수많은 영화와 드라마 중에서도 〈올인〉을 빼놓을 수 없다. 주인공 차민수는 도박판을 보고 자라 판을 읽을 줄 아는 능력을 타고난 도박사이자 승부사다. 차민수는 라스베이거스에서 열린 세계포커대회에서 당당히 풀하우스 패로 챔피언을 차지한다. 포커의 룰을 모르는 사람들을 위해 간단히 설명하자면, 풀하우스란 5장의

카드 중 한 등급의 카드 3장과 다른 등급의 카드 2장의 숫자가 각각 같은 경우를 가리킨다. 가령 그림과 같이 AAA와 KK, 이렇게 5장으로 이루어진 패를 '풀하우스'라고 부른다.

그렇다면 차민수는 과연 실력으로 우승한 것일까, 아니면 확률의 운이 그에게로 갔기 때문인 걸까? 포커를 좋아하는 사람이라면 그의 우승 비결이 궁금할 것이다. 과연 풀하우스가 나올 확률은 얼마나 될까? 한번 계산해보자.

$$\frac{52}{52} \times \frac{3}{51} \times \frac{2}{50} \times \frac{48}{49} \times \frac{3}{48} \times {}_5C_3 = \frac{449280}{311875200} ≒ 0.0014406$$

포커 카드는 숫자 2부터 10까지, 그리고 J, Q, K, A까지 총 13종의 카드가 4장씩 구성되어 있다. 전체 52장의 카드 중 첫 번째 카드를 뽑을 확률이 $\frac{52}{52}$, 남은 51장의 카드에서 첫 번째 카드와 같은 것을 뽑을 확률이 $\frac{3}{51}$, 그리고 남은 50장의 카드에서 앞의 두 카드와 같은 것을 뽑을 확률이 $\frac{2}{50}$다.

지금까지 같은 카드 3장을 뽑았으니 이제 다른 종류의 카드 2장을 뽑아야 한다. 남은 49장의 카드에서 앞의 3장의 카드와 다른 것을 뽑을 확률이 $\frac{48}{49}$, 다음으로 남은 48장의 카드 중 앞서 뽑은 카드와 같은 것을 뽑을 확률이 $\frac{3}{48}$ 이다. 여기에 5장의 카드 중 똑같은 숫자가 3장이 있는 트리플의 경우의 수와 똑같은 숫자가 2장이 있는 원페어의 경우의 수를 모두 곱하면 풀하우스가 나올 확률이 된다. 그 결과는 약 0.0014다. 이 숫자는 차민수가 얼마나 운이 좋은 사람인지를 보여준다.

내친김에 다른 패가 나올 확률도 정리해보자.

원페어One-pair = 0.423

투페어Two-pair = 0.048

트리플Triple = 0.021

스트레이트Straight = 0.004

플러시Flush = 0.002

풀하우스Full Hous = 0.0014

포카드Four Card = 0.00024

스트레이트 플러시Straight Flush = 0.000014

로열 스트레이트 플러시Royal Straight Flush = 0.0000015

'블랙잭'은 미국에서 인기 있는 또 다른 카드 게임이다. 블랙잭은 가지고 있는 숫자의 합이 21보다 작거나 같아야 하며 21에 보다 가까울수록 이기는 게임이다. 세계 최초로 웨어러블 컴퓨터를 만든 사람이자 수학자인 에드워드 소프Edward Thorp는 MIT에서 수학을 가르치면서 블랙잭에 관심을 갖게 됐다. 오랜 연구 끝인 1960년, 그는 〈행운의 공식:

블랙잭 필승 전략Fortune's Formula: A Winning Strategy for Blackjack〉이라는 제목의 연구 보고서를 미국 수학협회에 기고했다.

보고서는 블랙잭에서 딜러를 이길 수 있는 방법을 담고 있다. 블랙잭은 카드를 섞는 시간을 줄이기 위해 쉬지 않고 진행되므로 앞서 나온 카드를 기억하면 남아 있는 카드를 알 수 있다. 소프는 이미 나온 카드를 쉽게 기억하는 방법을 생각해냄으로써 승률을 높이는 방법을 제안한 것이다. 실제로 그는 이 방법을 사용해 1만 달러를 투자받아 단 30시간 만에 1만 달러를 벌어들였다. 스스로 자신의 방식이 유용하다는 것을 입증한 것이다. 그가 제시한 블랙잭 필승 전략 중 하나를 소개해보겠다.

패의 합이 11 이하이면 카드를 더 받고, 17 이상이면 카드를 받지 않으며, 패의 합이 12~16일 때는 딜러가 뒤집어놓은 패를 살펴라. 만일 패

가 에이스를 포함하여 7보다 큰 수이면 카드를 더 받고, 딜러의 패가
2~6이면 카드를 그만 받아라.

갑자기 카지노로 향하고 싶어지는가? 하지만 소프의 말만 믿고 확률에 모든 것을 기대서는 안 된다. 확률에 능한 수학자들이 모두 부자가 되지 않은 것을 보면 수학적 확률과 카드 게임은 그리 깊은 연관이 없는 것일지도 모르겠다. 확률이란 수많은 시뮬레이션을 통해 전체적으로 그러한 경향을 보인다는 것을 알려주는 기준일 뿐이다. 따라서 객관적으로 계산되는 수학적 확률과 실제 경험에서 나온 결과적 확률은 대부분 일치하지 않는다. 다만 여러 게임의 승률과 전략을 염두에 둔다면 카지노에서 돈을 잃을 가능성이 약간은 줄어들지도 모르겠다. 마지막으로 한 가지 팁을 준다면 카지노 게임 중 확률을 이용했을 때 승리하기에 가장 유리한 순서를 정리하자면 다음과 같다.

① 블랙잭
② 크랩
③ 바카라
④ 룰렛

22 아인슈타인도 인정한 72법칙

복리이자가 두 배가 되려면 얼마나 걸릴까?

요즘 나오는 스마트폰 앱 중에는 적은 돈으로도 투자할 수 있는 재테크 관련 앱이 생각보다 많다. 주식은 기본이요, 불특정 다수로부터 자금을 모아 다양한 방식으로 투자하는 크라우드 펀딩부터 가상화폐, P2P 금융 등 별의별 투자 방식이 계속해서 생겨나고 있다. 이러한 시대 흐름에 맞춰 나 역시 적은 돈이지만 여윳돈으로 투자라는 것을 해보기로 했다.

어떤 방식이 좋을지 이것저것 알아보다가 소액으로 투자를 했다. 큰 돈은 아니지만 막상 투자라는 것을 하고 보니 괜한 걱정이 들기 시작한다. 잘 알지도 못하는데 이러다가 다 날리는 건 아닐까? 하지만 이왕 시작했으니 조급해하기보다 진득하게 기다렸다가 최소한 두 배로 불

려서 회수할 생각이다. 내가 투자한 방식은 복리이자로 돈이 붙는다고 하니 시간을 두고 기다리는 게 상책일 테다.

그렇다면 여기서 '최소한 두 배'가 되기까지 시간이 얼마나 걸릴지 빨리 계산할 수 있는 방법은 없을까? 그것만 안다면 이렇게 걱정하느라 머리 아프고 애태울 필요가 없을 것 같은데… 이럴 때 유용한 법칙이 있으니, 이름하야 '72법칙'이다.

72법칙이란?

복리로 투자한 금액이 두 배가 되기까지 걸리는 기간을 계산하는 방식이다. 기본 공식은 다음과 같다.

$$72 \div (연복리\ 이율) = (원금이\ 두\ 배가\ 되는\ 데\ 걸리는\ 기간)$$

예를 들어 복리로 연이율 6%인 상품에 가입했을 때 원금이 두 배가 되려면 72 ÷ 6 = 12, 즉 12년이 걸린다는 것이다. 이 72법칙은 높은 근삿값을 보여주고 빠른 계산이 가능하여 예금 또는 투자와 관련된 계획을 세울 때 도움이 되는 경제 법칙으로 유명하다.

이번에는 반대로 원금을 두 배로 만들기 위해 목표한 기간이 정해져 있을 때 수익률이 얼마나 되어야 하는지를 계산해보자.

$$72 \div (원금이\ 두\ 배가\ 되는\ 데\ 걸리는\ 기간) = (연복리\ 이율)$$

만약 8년 뒤에 원금의 두 배를 만들 수 있는 예금 상품을 원한다면 72 ÷ 8 = 9이므로 이자율이 9%인 예금상품을 찾으면 된다.

72법칙은 이자뿐만 아니라 연봉이 두 배가 되는 기간도 계산할 수 있다.

72 ÷ (회사 평균 임금 상승률) = (연봉이 두 배가 되는 데 걸리는 기간)

만약 매년 3%씩 연봉이 오른다면 72 ÷ 3 = 24이므로 약 24년 후에 연봉은 두 배가 되는 셈이다.

어떤가? 72법칙을 사용하면 이처럼 손쉽게 복리 투자로 원금이 두 배가 될 시기를 유추해낼 수 있다. 별거 아닌 듯 보이지만 신기하고 간편한 까닭에 세계적 물리학자인 아인슈타인마저도 72법칙을 세계 8번째 불가사의라 말했을 정도다. 혹시 목돈을 모으거나 재테크에 투자할 계획이 있다면 72법칙을 이용하여 목표 금액을 만들기까지 걸리는 기간을 예상해보자.

연봉만 가지고 내 시급 알아보기

내친김에 72법칙처럼 간단하면서 결과를 쉽게 알 수 있는 공식을 하나 더 알고 가자. 연봉으로 내 시급이 얼마인지 구하는 공식이다. 정말 간단하니 놀라지 마라. 그 공식은 다음과 같다.

1년은 약 52주인데 공휴일과 휴가를 제외하여 약 50주 정도라고 생각하자. 여기에 일주일 노동시간을 8시간 × 5일 = 40시간이라 한다면, 1년에 일하는 시간은 약 40시간 × 50주 = 2,000시간이 된다. 따라서 연봉에서 2,000을 나누면 대략적인 시급을 알 수 있다. 물론 이는 주

5일, 하루 8시간을 근무하는 직장인을 기준으로 계산한 것이다. 이 공식을 적용하면 연봉이 3,000만 원인 회사원의 시급은 1만 5,000원이고 연봉이 4,000만 원인 회사원의 시급은 2만 원이다.

나의 시급은 전체 연봉 금액에서 끝자리부터 0을 3개 지우고 2로 나누면 끝!

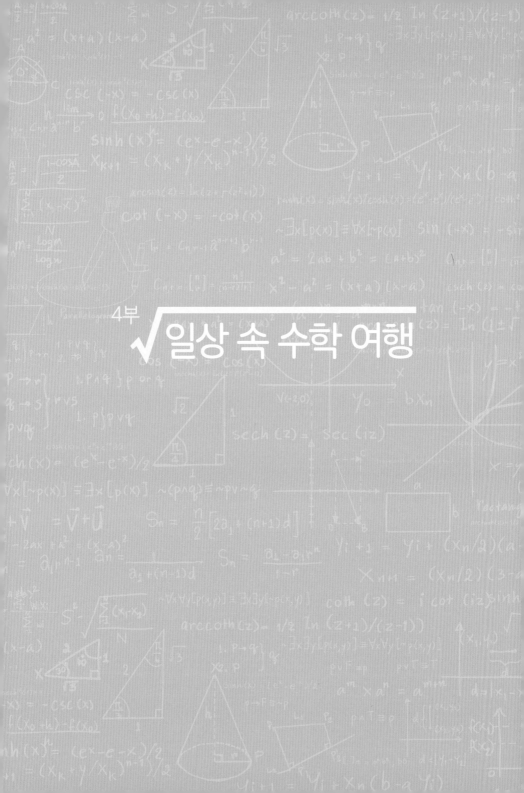

4부

일상 속 수학 여행

+ × ÷ − − + × + × ÷ − − + × ÷

23 같은 인치의 TV라도
화면 넓이는 다를 수 있다

+ × ÷ − − + × + × ÷ − − + × ÷

이게 32인치라고? 왜 이렇게 작지?

멀쩡하게 잘 나오던 TV가 갑자기 망가졌다! 예능 프로그램, 드라마, 음악방송, 뉴스…. 당장 봐야 할 프로그램이 산더미 같은데 이게 무슨 일이람. 급한 마음에 여기저기 전화를 걸어보기 시작했다. 당장 TV를 새로 장만할 돈은 없고, 그렇다고 휴대폰이나 컴퓨터로 보자니 뭔가 답답하다.

몇 번이나 전화를 돌리던 나는 결국 부모님으로부터 이전에 사용하던 TV를 가져가라는 이야기를 듣게 되었다. 그런데 잠깐, 부모님이 말하는 그 'TV'가 몇 인치였더라? 크기를 묻는 내 질문에 어머니는 "너희 집에 있는 TV와 같은 32인치야!"라고 답하신다. 옳거니, 그렇다면 됐다. 나는 가벼운 발걸음으로 부모님의 집으로 건너갔다. 그런데 부모

님이 준비해둔 TV를 본 순간 얼음처럼 굳어버린 내 몸…. 부모님이 가져가라고 하신 TV는 내가 평소에 보던 16 : 9 비율의 직사각형 TV가 아닌 4 : 3 비율의 직사각형 TV였다. 어딘지 오래된 물건 같다는 느낌이 폴폴 났지만 다른 수가 없던 나는 일단 4 : 3 비율의 TV를 받아왔다.

받아온 TV로 애청하는 프로그램을 보기 시작하는데, 문득 한 가지 의문이 생겼다. 과연 두 TV의 전체 화면 넓이는 같은 걸까? 똑같이 32인치 TV이지만 모양이 다르니 왠지 넓이도 다른 것처럼 보인다. 어찌 보면 원래 쓰던 16 : 9 비율의 최신형 TV가 더 커 보이기도 하고, 또 어떻게 보면 4 : 3 비율의 TV가 더 커 보이기도 하고….

과연 두 32인치 TV의 화면 넓이는 같을까? 아니면 정말 차이가 있을까?

TV 화면의 크기를 맞혀라!

TV 화면은 사각형 모양을 하고 있다. 사각형의 크기는 넓이로 구분한다. 사각형의 넓이를 구하는 방법은 (가로 길이) × (세로 길이)지만 TV나 스크린 같은 영상기기의 화면 크기는 인치라는 단위로 구분한다. 인치는 화면의 아래쪽 모퉁이에서 반대편 위 모퉁이까지 대각선의 길이로 정한다. 비율이 4 : 3인 직사각형 화면이나 16 : 9인 직사각형 화면이나 대각선 길이가 32인치라면 모두 32인치 TV인 것이다. 그러나 인치라는 단위의 수치상으로만 같을 뿐이다. 인치가 같아도 비율이 다르면 화면 넓이에는 실질적으로 큰 차이가 생긴다.

비율이 다른 32인치 TV

실제 화면 크기를 좀 더 자세히 비교해보자. TV 화면의 가로와 세로의 길이는 피타고라스 정리를 이용하여 구할 수 있다. 직각삼각형의 대각선 길이의 제곱은 가로 길이의 제곱과 세로 길이의 제곱을 더한 것과 같다는 것이 피타고라스 정리다. TV의 가로의 길이를 직각삼각형의 밑변, 세로의 길이를 높이, 대각선의 길이를 빗변으로 하여 구한 각 화면의 가로, 세로의 길이는 다음 표와 같다.

	이전 TV (4:3)	최신형 TV(16:9)
화면 크기	32인치	32인치
가로	25.6인치	27.9인치
세로	19.2인치	15.7인치

따라서 이들 길이를 가지고 두 TV 화면의 넓이를 구해볼 수 있다.

$$4:3 \text{ 비율 TV의 화면 넓이}: 25.6 \times 19.2 = 491.52$$
$$16:9 \text{ 비율 TV의 화면 넓이}: 27.9 \times 15.7 = 438.03$$

분명 같은 32인치 TV지만 가로가 더 긴 16:9 비율의 TV 화면의 넓이가 4:3 비율의 TV 화면보다 약 10%가량 작다. 이로써 비율이 다르면 화면 넓이에 차이가 있다는 사실이 확인됐다. 그렇다, 나의 눈은 틀리지 않았다. 물론 단순히 수치만을 믿는 사람들은 모든 32인치 TV 화면의 넓이가 같은 게 아니냐고 우길지도 모르겠지만.

<u>24</u> 화면에 꽉 차게, 그렇게는 안 되는 거야?

레터박스, 대체 왜 생길까?

오랜만의 황금연휴. 별다른 일도 없어 집에서 휴일을 보내게 된 나는 어떻게 하루를 보낼까 고민한다. 그러다 얼마 전 친구로부터 유명한 축구경기 영상을 녹화한 USB를 받은 일이 생각났다. 평소 축구를 좋아하는 나는 오랜만에 축구 경기를 보기로 했다.

설레는 마음으로 컴퓨터 앞에 앉아 영상을 재생했다. 그리고 두 번 놀랐다. 첫 번째로 생각보다 화질이 나쁜 영상에, 두 번째로 영상의 비율에 놀라고 말았다. 내 모니터 비율과는 맞지 않는 예전 TV의 비율을 가진 영상이 재생되자 위아래로 검은 띠, 즉 레터박스letterbox가 생겨난 것이다. 그렇다면 이러한 레터박스는 화면 비율과 무슨 관계가 있으며 어떠한 이유로 까만 띠를 만들어내는 것일까?

레터박스란?

TV 화면의 비율 16 : 9를 4 : 3의 너비에 맞게 일정한 비율로 줄여 주는 방식이다. 이때 비율이 서로 맞지 않아 차이가 나는 만큼 영상이 없는 상태가 되는데, 영상이 한쪽으로 몰려 자연스럽지 못한 영상이 나오지 않도록 위아래를 까만 화면으로 처리한다. 따라서 영상을 재생했을 때 화면의 상하에 검은 띠가 생기는 것을 레터박스라고 한다. 16 : 9 화면의 너비를 잘림 없는 상태로 맞춰 볼 수 있다는 장점이 있지만 검은 띠가 생겨서 눈에 거슬린다는 단점이 있다.

4 : 3 비율의 영상을 16 : 9 비율의 TV에서 볼 때, 가로의 4를 4배로 하여 16에 맞추면 세로의 3도 같은 비율로 4배가 되니 12가 되어야 한다. 그러나 실제로 TV의 세로는 9밖에 되지 않으므로 결과적으로는 세로의 3만큼 영상이 TV 화면 밖으로 튀어나가 보이지 않게 된다. 이렇게 되면 등장인물의 얼굴이 클로즈업되어 크게 나올 때, 주인공의 이마 부분과 턱 부분이 화면 밖으로 튀어나가 보이지 않는 우스꽝스러운 화면이 나타나게 된다.

반대로 16 : 9 비율의 영상을 4 : 3 비율의 TV에서 볼 때는 어떻게 될까? 가로를 기준으로 16을 4로 나누어 4가 되게 하면 세로도 역시 4로 나누어 2.25가 되어야 한다. 그런데 세로는 3이기 때문에 세로로 0.75 부분만큼은 영상이 없는 상태가 된다. 이 부분을 한 곳으로 몰게 되면 화면상 자연스럽지 못하기 때문에 이를 반으로 나누어 화면의 위, 아래를 같은 넓이의 레터박스로 처리하게 되는 것이다.

다른 방식으로 16 : 9의 영상을 4 : 3 비율 TV의 세로인 3에 맞도록 영상 16 : 9의 양변을 3으로 나누면 세로는 3으로 영상이 TV에 정확하게 들어맞는다. 그러나 가로 영상 16을 3으로 나누면 5.333…이 된다. TV 화면의 가로가 4이므로 결과적으로 TV 화면에 비하여 영상이 1.333…만큼 남게 된다. 따라서 화면의 양옆이 보이지 않는 상황이 되어 버린다. 축구경기를 예로 들면 박지성 선수가 찬 공이 골대에 정확히 꽂히는 골인 장면을 못 보게 될 수도 있는 것이다.

이처럼 영상과 화면의 비율이 서로 맞지 않을 때 생기는 것이 레터박스다. 따라서 16 : 9 비율로 촬영하는 HD 드라마나 영화를 볼 때 16 : 9 비율의 최신식 TV라면 문제없이 꽉 찬 화면으로 볼 수 있다. 그런데 4 : 3 비율의 예전 TV라면 양옆의 화면이 잘리지 않고 보기 위해 위아래로 레터박스를 동반한 영상을 볼 수밖에 없다.

25 바코드에 숨겨진
수학의 비밀

막대부호 속 숫자의 신기한 원칙

주말이면 마치 나들이라도 나선 듯 가족 단위로 찾아온 사람들로 붐비는 대형 마트. 없는 것이 없을 만큼 많은 종류의 다양한 물건들이 진열돼 있어 노인, 부부, 자녀들의 입맛을 단번에 충족시키기에 대형마트만한 곳도 없다. 그런데 마트에서 가장 분주한 곳은 바로 계산대. 카트에 가득 담긴 물건들을 카운터에 올려놓는 사람들과 물건마다 바코드를 찍는 계산원들의 모습 덕분에 계산대에서는 '빠' 소리가 쉴 새 없이 울린다.

종종 바코드가 읽히지 않을 때면 계산원은 능숙한 솜씨로 바코드에 쓰인 숫자를 보고 키보드로 입력한다. 때때로 숫자가 하나라도 빠져 있거나 숫자 기입만으로도 판독이 안 될 때는 부득이 다른 상품을 가져오는 번거로움을 감소해야 한다.

바코드는 이제 대형 마트뿐 아니라 서점, 편의점 등 물건을 파는 곳이라면 어디서든 당연하게 사용하는 '이름표' 같은 것이 되었다. 그렇다면 막대부호처럼 생긴 바코드 밑에 자리한 숫자들은 과연 무엇일까? 바코드를 대신해주는 그 숫자들은 무슨 역할을 하며 어떤 원칙을 가지고 있는 것일까? 갑자기 궁금해진다.

　다음 그림을 자세히 살펴보자. 숫자를 모두 세어보면 바코드는 총 13자리로 조합되어 있음을 알 수 있다. 가장 앞 3개의 숫자는 제조 국가를 나타낸다. 우리나라는 880이다. 일반적으로 다음 4개는 상품을 만든 회사의 고유번호이고, 그다음 5개는 상품의 종류를 나타내는 고유번호다. 그리고 마지막 남은 하나의 숫자는 앞의 12개 숫자에 의해 결정되는 '검사 숫자check digit'다.

제조 국가　제조 업체　상품 코드　검사 숫자

검사 숫자는 일종의 안전장치?

마트에 온 김에 과자 하나를 사기로 하자. 그리고 과자에 찍힌 바코드를 낱낱이 살펴보기로 한다.

이 바코드의 '검사 숫자'는 2이다. 이는 임의로 붙일 수 있는 게 아니다. 검사 숫자가 만들어지는 데는 법칙이 존재한다.

검사 숫자 법칙
① 검사 숫자를 뺀 12자리 숫자 중 홀수 번째 자리에 있는 수들을 모두 더한다.
② 검사 숫자를 뺀 12자리 숫자 중 짝수 번째 자리에 있는 수들을 모두 더한 후 3을 곱한다.
③ ①에서 구한 값, ②에서 구한 값, 검사 숫자를 모두 더하면 10의 배수가 된다.

이 법칙이 적용되는지 마트에서 산 과자의 바코드 숫자를 가지고 한번 해보자. 사진 속 과자의 바코드 숫자는 8801117275402이다. 검사 숫자 법칙의 순서대로 해보면,

$$8\ 8\ 0\ 1\ 1\ 1\ 7\ 2\ 7\ 5\ 4\ 0\ \mathbf{2}$$

① (홀수 번째 자리에 있는 수의 합) = 8 + 0 + 1 + 7 + 7 + 4 = 27

② (짝수 번째 자리에 있는 수의 합) × 3 = (8 + 1 + 1 + 2 + 5 + 0) × 3

$$= 51$$

③ 27 + 51 + 2 = 80

①에서 구한 수 27, ②에서 구한 수 51, 검사 숫자 2를 모두 더하면 80이 된다. 이는 10의 배수로 바코드의 마지막 검사 숫자 2가 법칙에 따른 것임을 확인할 수 있다.

만일 기계가 바코드를 읽었을 때 경고음이 울린다면 바코드의 13자리 숫자로 검사 숫자 법칙을 점검해볼 필요가 있다. 바코드가 적힌 부분이 훼손되어 가격이나 물건의 정보를 읽지 못할 때 경고음이 울리기도 하지만, 법칙에 따라 더한 숫자가 10의 배수가 되지 않아도 어김없이 경고음이 울린다. 이는 잘못된 바코드 형식으로 일종의 바코드 오류가 난 셈이다. 이처럼 검사 숫자는 하나의 숫자로 정보의 진위를 구별할 수 있게 해준다. 정보를 저장하고 전달하는 과정에서 데이터가 손실되거나 왜곡되는 것을 확인하기 위해 만든 일종의 안전장치인 검사 숫자는 주민등록번호에도 사용된다. 인터넷과 스마트폰의 발달로 수많은 정보가 넘쳐나고 재생산되는 환경에서 정확한 정보를 구분하는 능력이야말로 우리에게 필요한 것인지도 모르겠다.

26 복불복 게임, 가장 먼저 뽑아야 유리하다?

복불복 게임에도 법칙이 있을까?

프랑스의 사상가 장 폴 사르트르Jean Paul Sartre는 말했다. "인간의 운명은 인간의 수중에 있다"라고. 하지만 간혹 그렇지 않다고 느낄 때가 있다. 바로 '복불복 게임'을 할 때다. 그 게임 앞에만 서면, 말 그대로 나는 '작아지며' 나의 운명은 단 한 번의 선택에 달린 상황이 되고 만다.

우리가 '복불복 게임'이라는 걸 구체적으로 알게 된 계기는 아마도 〈1박 2일〉이라는 예능 프로그램 덕분일 것이다. 이 프로그램의 멤버들은 무언가를 결정하거나 요청하는 것이 있을 때 혹은 잠자리나 밥 먹을 멤버를 결정할 때 등 시시때때로 복불복 게임을 한다. 게임의 벌칙으로는 별별 것이 다 있다. 때로는 까나리액젓이나 캡사이신이 들어간 음식을 고르지 않기 위해 선택 순서를 정하는 게임까지 하기도 한다. 여기서 한 가지 의문이 든다. 이런 복불복 게임, 정말 그 결과를 절대 예측할 수 없는 걸까? 뽑는 순서에 따라 당첨될 확률을 낮출 수는 없는 걸까?

자, 실험을 한번 해보자.

A, B, C, D 4명이 차례로 아메리카노에 까나리액젓을 섞은 까나리카노 3잔과 까나리액젓을 섞지 않은 순수 아메리카노 1잔 중에서 무작위로 골라야 한다. 아메리카노를 뽑을 확률이 가장 높은 사람은 누구일까? (단, 한 번 뽑은 것은 낙장불입으로 다시 섞지 못한다.)

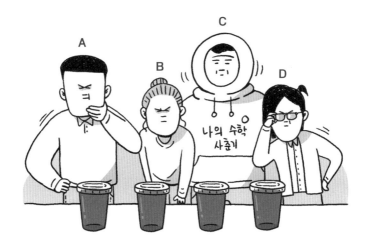

나는 결단코 까나리액젓을 먹지 않겠다!

사람의 심리란 것은 참 희한하다. TV에서 복불복 게임을 볼 때는 그저 재미있게만 보이던 것이 여차하면 나도 까나리카노를 먹을 수도 있는 게임이라고 하니 괜히 민감해지고, 혹시 내가 벌칙에 걸릴까 봐 심

장이 쿵쿵거린다. 좋은 게 걸리면 덩달아 기분이 좋고 아니면 시큰둥
해진다. 벌칙에 걸리지 않은 사람을 볼 때면 '저 사람은 왜 저렇게 운이
좋은 거지? 한 번을 안 걸리네?' 하는 생각도 든다. 얄밉게도 운 좋은
사람은 꼭 존재하기 마련이다. 그럼 이제 마음을 좀 가다듬고 찬찬히
살펴보자. 어쨌든 조금이라도 나쁜 운을 피해갈 방법이 있다면 기회를
잡아야 하지 않겠는가.

여러분은 운 좋은 사람으로 누구를 골랐나? A? 아니면 D?

이제 몇 번째로 선택하는 것이 가장 유리한지 한번 계산해보자.

A의 경우 첫 번째로 선택한 A가 아메리카노를 뽑을 확률은 매우 간
단하다. $\frac{1}{4}$이다. 더불어 까나리카노를 고를 확률은 $\frac{3}{4}$이 된다.

A가 아메리카노를 뽑을 확률 : $\frac{1}{4}$

B의 경우 두 번째로 선택한 B가 아메리카노를 뽑으려면 A가 까나리
카노를 고를 확률 $\frac{3}{4}$에 자신이 아메리카노를 고를 확률 $\frac{1}{3}$을 곱하면 된
다. 따라서 B의 확률 역시 $\frac{1}{4}$이다.

B가 아메리카노를 뽑을 확률 : $\frac{3}{4} \times \frac{1}{3} = \frac{1}{4}$

C의 경우 세 번째로 C가 아메리카노를 뽑으려면 A가 까나리카노를
고르고 B도 까나리카노를 고르고 자신은 아메리카노를 고르면 된다.

앞에서 살펴봤듯이 A가 까나리카노를 고를 확률은 $\frac{3}{4}$이다. A가 까
나리카노를 고른 상태에서 B도 까나리카노를 고를 확률은 $\frac{2}{3}$. 그리고

남은 두 잔 중 C가 아메리카노를 고를 확률 $\frac{1}{2}$ (남은 두 잔 중 한 잔은 반드시 아메리카노이다)을 곱하면 된다. C의 확률 역시 $\frac{1}{4}$이다.

C가 아메리카노를 뽑을 확률 : $\frac{3}{4} \times \frac{2}{3} \times \frac{1}{2} = \frac{1}{4}$

D의 경우 마지막 선택을 남긴 D는 A, B, C가 모두 까나리카노를 고르면 된다.

D가 아메리카노를 뽑을 확률 : $\frac{3}{4} \times \frac{2}{3} \times \frac{1}{2} = \frac{1}{4}$

안타깝지만 결론적으로 복불복은 말 그대로 복불복일 뿐이다. 어떤 선택을 하든 정확하게 $\frac{1}{4}$이라는 확률이 나오니 무엇이 걸릴지는 아무도 모르는 일이다. 그냥 운명에 맡기는 수밖에. 샤르트르의 말처럼 정말 운명을 스스로 결정짓고 싶다면 방법은 하나다. 복불복 게임에 참여하지 않는 것. 재미를 위해 한 번쯤 참여해볼 수는 있겠지만, 까나리카노에 걸릴 확률이 $\frac{3}{4}$이라는 사실은 잊지 말자.

+ × ÷ − − + × + + × ÷ − − + × ÷

<u>27</u> 내가 던질 '개'

+ × ÷ − − + × + + × ÷ − − + × ÷

윷놀이, 운일까? 확률 싸움일까?

많은 외국인들이 한국에 오면 꼭 해보고 싶은 놀이가 바로 '윷놀이'라고 한다. 카드 게임과 달리 여러 사람이 한데 모여 편을 나누고, 시끌벅적하게 한판 놀 수 있는 것이 바로 윷놀이다. 여기에 흑말, 백말 팀으로 나누어 윷을 던져 앞면이 위로 향한 윷가락의 개수에 따라 다양한 방식으로 말을 놓을 수 있다는 점도 윷놀이의 묘미다. 길은 같은데 수십 가지 방식으로 말을 놓을 수 있고, 엎치락뒤치락하다가 언제 상황이 뒤바뀔지 모르는 과정이 연속으로 터지니, 그 재미가 아주 쏠쏠하다.

그런데 윷놀이를 하다 보면 유난히 '모'나 '윷'이 잘 나오는 사람이 있다. 반대로 한판 신나게 즐기는 동안 단 한 번도 '윷', '모'는커녕 그저 '도', '개'만 하는 사람도 있다. 이건 운일까, 특별한 요령이 있는 걸까? 이도 저도 아니면 치밀하게 계산된 확률 싸움일까?

나는 왜 맨날 '개'만 나오는 걸까?

던지기만 하면 개가 나오다니 짜증이 난다. 왜 나만 안 되는 거지? 조금 수학적으로 접근해보자. 윷가락에는 배가 볼록한 윗면과 납작한 아랫면이 있다. 이 두 면이 나올 확률은 각각 $\frac{1}{2}$ 이다. 이처럼 확률이 50%로 같다고 했을 때 가장 많이 나오는 윷셈은 무엇일까?

정리해보면 다음과 같다.

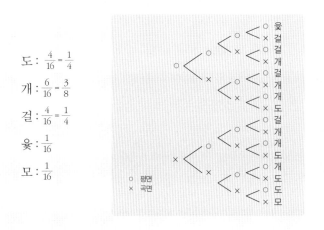

도 : $\frac{4}{16} = \frac{1}{4}$

개 : $\frac{6}{16} = \frac{3}{8}$

걸 : $\frac{4}{16} = \frac{1}{4}$

윷 : $\frac{1}{16}$

모 : $\frac{1}{16}$

○ 평면
× 곡면

그림을 보면 알 수 있듯이 모 = 윷 < 걸 = 도 < 개 순으로 많이 나온다. 그렇다면 실제 윷놀이를 했을 때도 이 확률과 같을까? 왠지 아닐 것 같다. 그럼 다음 그림을 보자.

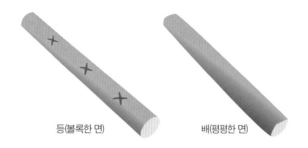

등(볼록한 면)　　　　　　　배(평평한 면)

윷놀이를 해본 사람이라면 윷가락의 생김새를 떠올릴 수 있을 것이다. 만약 앞뒤가 같은 모양으로 생겼다면 확률은 위에서 정리한 그대로가 될 것이다. 하지만 윷가락의 등 부분은 반원보다 좀 더 원에 가까운 볼록한 모양으로 생겼다. 나머지 한 면인 배 부분은 평평하다. 윷가락의 모양은 한 면이 둥글기 때문에 던졌을 때 평평한 면이 위로 올라올 가능성이 더 높다. 실제로 무게중심을 고려해 연구해본 결과 윷가락을 던지면 뒤집어질 비율이 60%, 엎어질 비율이 40% 정도라고 한다.

이를 적용해 윷셈이 많이 나오는 순서를 정리해보면, '모<윷<도<개=걸'이 된다.

이제 해마다 '개'를 연발하며 번번이 졌던 기억을 떠올리며, 이번에는 묘수를 한번 생각해보기로 한다. 여기 그 꿀팁이 있다.

윷놀이 꿀팁
① 윷을 던질 경우 배 모양이 더 자주 나온다.
② 윷을 굴릴 경우 등 모양이 더 자주 나온다.

따라서 '모'나 '도'가 나오길 원한다면 던지는 것보다 굴리는 것이 유리하다.

물론 윷가락을 잘못 굴리다가는 윷놀이 판에서 쫓겨날 수 있으니 이 점도 유의할 것!

+ × ÷ − − + × + × ÷ − − + × ÷

<u>28</u> 왜 내가 선 계산대 줄은 항상 느릴까?

+ × ÷ − − + × + × ÷ − − + × ÷

오늘은 남들보다 먼저 계산할 수 있을까?

어김없이 오늘도 눈치 대작전이 시작됐다. 마침 뚝 떨어진 라면 한 묶음과 탄산음료를 사기 위해 마트에 왔는데, 오늘따라 왜 이렇게 사람이 많은 걸까. 바구니에 달랑 두세 가지 물건뿐이지만 양심상 새치기는 절대 할 수 없다. 어디 보자…. 계산대가 서너 개밖에 없는 동네 마트라 그런지 벌써부터 줄이 길다. 한시라도 빨리 계산하려면 조금이라도 적게 산 사람들이 서 있는 줄을 찾는 수밖에 없다. 누구의 장바구니 속 물건이 적은지 레이더를 가동해본다. 세 번째 계산대에는 소주와 삼겹살이 담긴 카트를 대고 서 있는 남자와 젊은 부부가 계산할 차례를 기다리고 있다. 그리고 로봇을 사지 못해 잔뜩 뿔이 난 아들과 엄마의 알뜰살뜰한 장바구니가 눈에 들어온다. 저기다!

나는 눈치를 보다 잽싸게 남자 뒤에 가서 선다. 그런데 이게 웬일? 시간이 흐를수록 다른 줄은 쑥쑥 줄어드는데 내가 선 줄만 줄어들 생각을 않는다! 목을 쑥 빼서 보니 아직도 젊은 부부가 계산대 앞에 서 있는 게 아닌가. 오늘도 눈치 대작전은 실패하고 말았다. 아니, 대체 왜 내가 선 줄만 항상 느린 걸까?

빨리 집에 갈 확률은?

마트에는 보통 서너 개, 많게는 10여 개의 계산대가 있다. 주말이나 휴일, 사람이 몰리는 시간대에는 모든 계산대의 줄이 길기 때문에 본능적으로 한 명이라도 사람이 적은 줄에 가서 서거나, 쇼핑한 물건이 적은 사람이 있는 줄을 찾기 마련이다. 조금이라도 기다리는 시간을 줄이고 빨리 다른 일을 보고 싶기 때문이다.

하지만 참 이상하게도 내가 선 줄만 항상 더 느린 것 같은 생각이 든다. 심지어 내 줄보다 훨씬 더 긴 줄에 서 있던 사람이 나보다 빨리 계산을 끝내고 가는 것을 보기도 한다. 간혹 내가 선 줄의 계산이 빠를 때도 있지만 그건 정말 가물에 콩 나듯 있는 일일 뿐이다. 대체 이유가 뭘까? 정말 내가 운이 나빠서일까?

동네 마트에 총 3개의 계산대가 있고, 각각의 계산대에 여러 명의 사람들이 계산을 위해 서 있다. 우리는 보통 한 사람이라도 사람이 적은 줄에 서야 빨리 계산하고 집에 갈 수 있다고 생각한다. 허나 현실은 생각과 완전히 다르다. 내가 섰던 줄처럼 젊은 부부가 계산이 잘못된 것 같다며 클레임을 걸기도 하고, 장난감을 사달라고 떼를 쓰는 아이를 야단치고 달래느라 정신이 없어 계산이 오래 걸리기도 한다. 내 차례가 거의 다 왔다 싶었는데 우유도 사오라는 아내의 부탁에 "잠깐만요!" 하고 물건을 가지러 가느라 그렇게 또 시간은 속절없이 흘러간다. 계산대에서 이런 일은 늘 벌어지기 때문에 단순히 우리가 선 줄이 짧다고 해서 계산이 빠를 거라 생각하는 것은 금물이다.

그렇다면 우리가 줄을 섰을 때 내가 가장 먼저 일을 끝낼 확률을 계산해볼 수 있을까? 물론 가능하다. 내가 줄 선 계산대를 A라고 하고, 다른 계산대를 각각 B, C라고 해보자. 확률 순서대로 알파벳을 나열해 보면 총 6가지의 경우를 확인할 수 있다.

ABC, ACB - A가 가장 먼저 계산이 끝나는 경우
BCA, BAC - B가 가장 먼저 계산이 끝나는 경우
CAB, CBA - C가 가장 먼저 계산이 끝나는 경우

확률적으로 내가 가장 먼저 계산을 마칠 확률은 33.3% 밖에 안 되며 어느 줄에 서더라도 마찬가지라는 결과가 나온다. 그러니 마트에서 다른 사람들의 쇼핑 카트를 확인하면서 조금이라도 더 짧은 줄을 찾을 필

요가 없다. 어느 줄에 서도 남들보다 빠르게 계산을 마칠 확률보다 오랜 시간이 걸릴 확률이 높기 때문이다. 그러니 유독 나만 운이 나쁜 것 같다는 생각은 버려도 좋다.

각 줄 서기 vs 한 줄 서기

내가 선 줄의 계산이 느린 게 운이 없어서가 아니라 확률적 결과라고 하니 그나마 위안이 된다. 하지만 앞으로도 계산대 앞에서 여전히 눈치 대작전을 펼칠 거라는 데는 의심의 여지가 없다. 조금이라도 빨리 계산하고 싶은 사람의 심리란….

줄 서기에 대해 이야기가 나왔으니 말인데, 마트에서처럼 각 줄 서기를 하는 경우도 있지만 은행이나 기차역, 공항 등의 매표소에서는 대부분 한 줄 서기를 한다. 그렇다면 이 둘 중 어느 쪽이 더 빠를까?

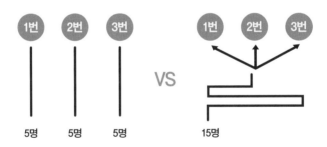

왼쪽은 '각 줄 서기'라는 줄 서기 방식이다. 각각의 계산대마다 사람들이 줄을 길게 늘어서는 방식으로 우리가 자주 가는 마트가 대부분 이런 방식으로 되어 있다. 오른쪽은 '한 줄 서기'라는 줄 서기 방식이다. 공항, 기차역 등에서 볼 수 있다. 그렇다면 이 둘 중 어떤 방식이 더 빨리 계산을 마칠 수 있을까?

궁금증을 해소하기 위해 실험을 해보려고 한다. 물건을 구매하려는 고객 15명에게 스톱워치를 주고 계산대로 보낸다. 그리고 줄을 서자마자 스톱워치를 켜서 계산원에게 도착할 때까지의 시간을 재도록 한다. 그렇게 모든 고객이 자신의 대기 시간을 잰 다음, 계산이 끝난 후 그 시간들을 합산해본다. 어느 계산대에 선 고객들의 총 대기 시간이 더 짧은지 알아보는 것이다.

우선 계산대 세 곳의 대기 시간을 확인해보자. 모든 계산대에는 5명의 고객이 계산을 위해 줄을 섰고 각 계산대는 물건을 계산하는 데 1분, 3분, 5분이 걸린다고 가정하자. 이때 옆줄로 빠지는 눈치작전은 금물이다. 각 줄 서기의 그림을 살펴보자.

각 계산대는 물건 계산에 각각 1분, 3분, 5분이 걸린다. 각 줄에는 모두 5명씩 줄을 섰다. 15명의 총 대기 시간은 얼마나 될까?

$$\sum_{N=1}^{4} N = 10 \qquad \sum_{N=1}^{4} 3N = 30 \qquad \sum_{N=1}^{4} 5N = 50$$

총 90분

첫 번째 고객은 대기 시간이 없으니 0분이다. 나머지 4명의 고객은 각 계산대에서 기다린 시간을 전부 계산해보면 다음과 같은 결과가 나온다.

1분 계산대- 10분
3분 계산대- 30분
5분 계산대- 50분

총 90분의 대기 시간이 발생했다. 그렇다면 같은 조건으로 한 줄 서기를 한다면 대기 시간은 어떨까? 먼저 한 줄 서기 그림을 보자.

1분	3분	5분	
5명	1명	1명	
			5분
1명	1명		
			6분
1명			
			7분
1명			
			8분
1명	1명		
			9분
1명		1명	
			10분

$$\sum_{N=1}^{9} N=45 \qquad \sum_{N=1}^{2} 3N=9 \qquad \sum_{N=1}^{1} 5N=5$$

총 59분

한 줄 서기에서도 똑같이 각 계산대에서 1분, 3분, 5분 동안 계산을 한다고 가정해보자. 그런데 이 방식은 각 계산대에서 처리하는 고객의 수가 정해져 있지 않고 계산 속도에 따라 다르다. 그러니 먼저 총 세 곳의 계산대가 몇 명의 고객을 받았는지 살펴볼 필요가 있다. 우선 계산을 시작한 지 5분이 지났을 때 각 계산대를 이용한 고객은 다음과 같다.

1분 계산대 - 5명
3분 계산대 - 1명
5분 계산대 - 1명

이후로 1분마다 계속해서 확인한 결과, 15명이 모두 계산을 마치는 동안 각 계산대는 저마다 다른 수의 고객을 상대했다.

1분 계산대 - 10명
3분 계산대 - 3명
5분 계산대 - 2명

각 계산대마다 걸리는 시간을 계산해보니 총 59분이 걸렸다. 물론 현실은 다르다. 각 줄 서기를 하던 중 옆 계산대의 줄이 빠르게 줄어든다 싶으면 금세 다른 줄로 갈아타기도 하고, 한 줄 서기 문화가 아직은 익숙하지 않은 사람이 질서를 무시하고 끼어들 수도 있다. 그러나 다양한 실험을 통해 한 줄 서기가 각 줄 서기보다 약 4배가량 시간적 효율성을 가져다주는 것이 입증되었다.

공정하고도 빠른 한 줄 서기!

한 줄 서기가 합리적인 것은 무엇보다 먼저 온 사람이 먼저 서비스를 받는 선착순First come, First served의 법칙이 최적화된 공정한 방식이기 때문이다. 게다가 시간이 금이라고 외치는 시대에 무모한 기다림의 시간을 줄여준다고 하니 한 줄 서기 방식을 선택하는 것이 당연하다. 그럼에도 불구하고 우리나라뿐 아니라 세계 곳곳에서는 여전히 비효율적인 각 줄 서기 방식을 고수하고 있다. 왜 그럴까?

이유는 단순하다. 고객들의 시간 효율성보다 기업의 공간 효율성을 우선시한 것이다. 한 줄 서기는 어느 계산대가 비는지 확인할 수 있도록 계산대와 대기하는 줄 사이에 일정 거리를 두어야 한다. 그 뒤로 하나의 긴 줄을 수용할 수 있는 공간이 추가로 필요하다. 확실히 각 줄 서기보다 계산 공간을 많이 차지할 수밖에 없는 구조다.

이런 상황에서 수많은 물건이 빼곡하게 진열되어 있고 커다란 카트와 함께 계산을 기다려야 하는 마트 등은 업종 특성상 각 줄 서기를

채택하기 어렵다. 상대적으로 물건 진열이 거의 없고 카트나 장바구니 같은 부속품도 없는 은행이나 기차역에서만 한 줄 서기를 채택하고 있는 것도 이 때문이다.

<u>29</u> 세상은 넓지만
인간관계는 좁다

어쩌면 우린 생각보다 가까운 사이인지도 모른다

"문재인 대통령이랑 나랑 꽤 가까운 사이야. 그뿐인 줄 알아? 아이언 맨 알지? 그 영화배우도 알고 보면 건너 건너 나랑 연결될 걸."

친구의 허무맹랑한 소리에 난 콧방귀를 꼈다.

"진짜라니까?"

친구의 표정이 사뭇 진지하다. 친구는 자신의 말이 결코 헛소리가 아니라며 이야기를 덧붙인다.

"세상이 얼마나 좁은 줄 알아? 우리가 누군가와 인연을 맺는다는 건 그 사람의 인간관계와 인연을 맺는 것과도 같은 거야. 한 다리 건너면 안다는 게 바로 그런 뜻이라고. 그렇게 이 사람 저 사람이 서로서로 연결되어 네트워크로 구성되는 게 바로 인간관계야. 그러니 문재인 대통

령도, 아이언맨도 이런 인간관계를 따라가다 보면 결국 나랑 연결돼 있는 거지."

친구의 말을 곰곰이 생각해보니 맞는 말 같기도 하다. 대학 선배의 사촌이 중학교 동창이거나, 평소 친하게 지내던 친구의 형과 결혼한 사람이 누구나 알만한 영화배우인 경우도 있었다. 친구의 말인즉, 이렇게 연결된 네트워크를 따라가다 보면 세상에 있는 모든 사람들이 6명만 거치면 서로 아는 사람이 된다는 것이다. 그리고 실제로 이 이론은 수학의 한 분야인 '그래프 이론'의 아이디어를 기초로 하고 있다. 아니, 이 친구가 이렇게 똑똑했던가. 어쨌든 호기심 많은 나는 '그래프 이론'이라는 걸 좀 더 공부해보기로 한다.

네트워크란 사람이나 사물이 서로 연결된 모양을 의미한다. 그래프 이론은 이러한 관계를 점과 점 사이를 연결한 선으로 단순하게 표현해 관계를 보다 쉽게 파악하고 문제 해결에 도움을 주는 중요한 이론이다. 그래프 이론은 스위스의 수학자이자 물리학자였던 레온하르트 오일러Leonhard Euler가 발표한 '쾨니히스베르크의 다리 문제'에 관한 논문이 그 시초이다. 이후 다양한 분야의 학자들이 그래프 이론을 연구하면서 순수 수학적 이론을 넘어 교통신호와 고속도로 시스템, 전기회로와 컴퓨터 프로그램, 생태계 시스템 연구 등 다양한 분야에서 활용되고 있다.

다음 페이지의 그림을 살펴보자.

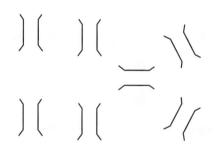

이 문제는 프로이센의 쾨니히스베르크(지금의 러시아 칼리닌그라드)에 있는 7개의 다리에 관련된 문제이다. 쾨니히스베르크에는 프레겔 강이 흐르고 있는데, 이 강에는 두 개의 큰 섬이 있다. 그리고 이 섬들과 도시의 나머지 부분을 연결하는 7개의 다리가 있다. 오일러는 이 7개의 다리들을 보면서 이런 질문을 냈다.

'이 7개의 다리를 각각 한 번씩만 건너서 처음 출발한 위치로 돌아올 수 있을까?'

헝가리 출신의 수학자 폴 에르되시Paul Erdos도 이와 관련한 연구를 했다. 그는 맨체스터 대학교에서 박사 학위를 받고 왕성한 연구를 통해 수많은 논문을 발표한 수학의 대가다. 실제로 그는 500명이 넘는 수학자와 공동으로 1,500편에 달하는 논문을 저술한 것으로 유명하다. 수학 분야는 다른 학문에 비해 공동으로 논문을 저술하는 일이 드물어서 에르되시는 수학자들의 주목을 받았다.

그런데 에르되시가 워낙 다양한 학자들과 교류하면서 공동 논문을 작성하다 보니 에르되시와 같이 논문을 쓴 정도를 나타내는 '에르되시 수Erdos's Number'라는 것이 나오게 됐다. 그와 직접 공동 논문을 작성한 사람의 에르되시 수는 1이고, 그와 공동 논문을 쓴 사람과 다시 공동으로 논문을 쓰면 에르되시 수는 2가 되는 식이다. 마치 최소 경로를 찾는 것처럼 수를 매긴다.

예를 들어 물리학자 알버트 아인슈타인Albert Einstein의 에르되시 수는 2이고, 베르너 하이젠베르크Werner Heisenberg의 에르되시 수는 4이다. 오클랜드 대학의 수학자 제리 그로스만Jerry Grossman은 재미 삼아 에르되시 수를 도입했다가 거기에 빠져들어 현재는 '에르되시 수 프로젝트'를 진지하게 진행하며 에르되시 수를 공식적으로 인정해주는 감독관 역할을 하고 있다.

현재 에르되시 수가 1인 학자는 509명이고, 에르되시 수가 2인 학자는 6,984명이다. 이 수는 시간이 흐를수록 계속해서 늘어난다. 노벨상의 물리학·화학·경제학·의학상 분야의 수상자 중 에르되시 수가 8 이하인 사람이 상당수라는 걸 보면 에르되시가 얼마나 대단한 사람인지 알 수 있다. 그가 미친 영향이 이렇게 큰 것을 보면, 수학이라는 분야가 얼마나 여러 학문 분야와 광범위하게 관련성을 맺는지도 알 수 있다.

에르되시 수가 1인 사람이 워낙 많아지다 보니 이를 더 세분화하기도 한다. 에르되시와 1편의 논문만 썼다면 에르되시 수가 그대로 1이지만 그와 공저인 논문이 10편이라면 에르되시 수는 $\frac{1}{10}$이 된다. 이 정의에 따르면 에르되시 수가 0에 가까워질수록 그와 공동 연구를 활발하게 한 셈이 된다.

6단계 분리 이론

1967년 하버드대 심리학과 교수인 스탠리 밀그램Stanley Milgram은 이런 말을 했다.

"현대사회는 매우 작은 수의 인간관계로 서로 연결된 네트워크다."

그는 이 말을 증명하기 위해 미국 중부인 네브래스카와 캔자스 지역 사람에게 무작위로 편지를 발송했다. 겉봉에는 편지를 받아야 할 사람의 이름과 그가 매사추세츠에 살고 있다는 정보를 적었다. 그가 작성한 편지에는 다음과 같은 조건이 붙었다.

1. 처음 편지를 받은 사람은 수신자 이름을 확인한다.
2. 우체통에 넣는 방식이 아니라 수신자를 알 것 같은 사람을 찾아가 편지를 전달한다.
3. 다음 사람도 같은 방식으로 수신자를 알 것 같은 사람에게 편지를 전달한다.

이 실험에 참여한 사람들은 모두 편지의 수신인을 직접적으로 알지 못하는 상태였다. 하지만 여러 추측을 통해 지인 중 수신자를 알 만한 사람에게 편지를 전달했다. 그렇게 미국 중부지방에서 출발한 편지는 한 단계씩 거치면서 사람들을 통해 매사추세츠에 있는 주식중개인이었던 수신자에게 전달되었다.

실험 결과, 최종 수신자에게 전달된 편지는 총 64통이었다. 어떤 편지는 3번 만에 전달되었고, 어떤 편지는 10번 만에 전달되기도 했지만 평균적으로 약 6명의 사람을 통해 전달되었다고 한다. 최대 5단계를 건너면 전혀 모르는 사람과도 연결되어 있다는 이론을 증명한 셈이다.

할리우드 영화배우인 케빈 베이컨Kevin Bacon도 이 같은 '6단계 법칙'을 이야기했다. 그는 한 인터뷰에서 "나는 할리우드의 웬만한 배우들과 모두 작업했으며, 한 다리만 건너면 모든 배우와 연결된다"라고 말했다. 그의 말은 큰 이슈가 되었으며, 얼마 지나지 않아 미국 대학에서는 '케빈 베이컨의 6단계Six degrees of Kevin Bacon'라는 게임으로 발전해 유행하기도 했다. 이것은 배우의 이름이 주어지면 공동으로 출연한 영화를 연쇄적으로 말해 6번 이내에 케빈 베이컨과 연결시키는 게임이다. 케빈 베이컨과 같은 영화에 출연한 배우는 1단계가 된다. 다른 배우를 한 명 거쳐서 연결되면 2단계가 되는 방식이다.

영화배우 조니 뎁Johnny Depp은 케빈 딜런Kevin Dillon과 함께 영화 〈블로우〉에 출연했다. 케빈 딜런은 맷 딜런Matt Dillon의 동생이다. 맷 딜런은 케빈 베이컨과 영화 〈와일드 씽〉에 출연했다. 이처럼 같은 작품에 출연하지 않아도 3단계를 거쳐 조니 뎁은 케빈 베이컨과 연결된다. 실제로 다양한 사람들과 케빈 베이컨의 관계를 확인한 결과 평균 2.92단계로 연결되었다고 한다. 케빈 베이컨이 인터뷰를 통해서 한 이 짤막한 이야기는 이제 게임뿐 아니라 인간관계를 연구하는 학술자료로도 사용되고 있다.

이제 인터넷과 모바일의 발달로 6단계 분리 이론은 쉽게 확인할 수 있게 되었다. 소셜 네트워크 서비스SNS를 통해 이를 확인하려는 실험이 계속되고 있고, 인터넷의 발달로 연결 단계가 더 짧아지고 있다는 연구

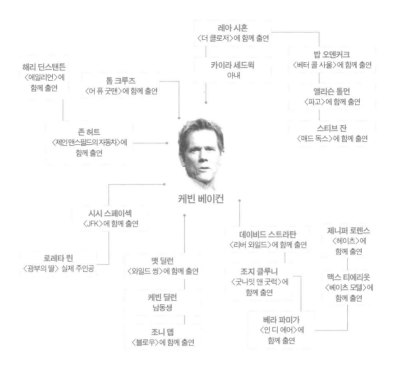

케빈 베이컨의 인간관계

레아 시혼
〈더 클로저〉에 함께 출연

밥 오덴커크
〈베터 콜 사울〉에 함께 출연

카이라 세드윅
아내

해리 딘스탠튼
〈에일리언〉에
함께 출연

톰 크루즈
〈어 퓨 굿맨〉에 함께 출연

앨리슨 톨먼
〈파고〉에 함께 출연

존 허트
〈제인맨스필드의자동차〉에
함께 출연

스티브 잔
〈매드 독스〉에 함께 출연

케빈 베이컨

시시 스페이섹
〈JFK〉에 함께 출연

데이비드 스트라탄
〈리버 와일드〉에 함께 출연

제니퍼 로렌스
〈헤이츠〉에
함께 출연

로레타 린
〈광부의 딸〉 실제 주인공

맷 딜런
〈와일드 씽〉에 함께 출연

조지 클루니
〈굿나잇 앤 굿럭〉에
함께 출연

맥스 티에리옷
〈베이츠 모텔〉에
함께 출연

케빈 딜런
남동생

조니 뎁
〈블로우〉에 함께 출연

베라 파미가
〈인 디 에어〉에
함께 출연

결과도 있다. 세상이 아무리 넓다 하더라도 사람과 사람 사이는 생각보다 가깝다. 세상에 존재하는 사람들이 나와 6단계만 건너면 알 수 있는 '좁고 좁은' 세상인 것이다.

<u>30</u> 한 번에 끝내는 기술

한눈에 알아보는 재능?

주변을 보면 누구나 남다른 재능 한 가지씩은 가지고 있다. 신체적 장점이나 특출한 암기력 같은 것을 말하는 게 아니다. 예를 들자면… 그래, 여느 사람들은 몇 번씩이나 그려보아야 찾을 수 있는 복잡한 미로 그림의 출구를 한 번에 찾는 재능 같은 것 말이다. 또는 몇 번이고 그려보고 맞추어보아야 완성된 모양을 알 수 있는 도형을 전개도나 입체도의 단면만 보고도 유추하는 능력도 그러하다. 이 세상에는 이런 놀라운 능력을 가진 사람들이 존재한다.

강도에게 머리를 맞고 병원에서 일어났더니 세상 모든 곡선이 수학 공식처럼 보이더라는 미국의 수학 천재 제이슨 패지트Jason Padgett도 그런 특출난 능력을 가진 사람 중 하나이리라. 아마 이 글을 읽고 있는 당신 역시 그러한 재능을 가진 사람일지도 모르겠다.

정말 남다른 재능을 가진 사람이 아니라면 미로 찾기에서 단번에 출구를 찾는 것은 불가능에 가깝다. 복잡한 미로 그림의 출구를 한 번에 찾는 것과 비슷한 것이 '한붓그리기'다.

한붓그리기란?
어떤 도형을 그릴 때 지난 곳을 다시 지나지 않고 한 번에 그릴 수 있으면, 그것을 한붓그리기가 가능하다고 한다.

그렇다면 우리에게도 '한붓그리기'를 할 수 있는 도형을 찾아내는 능력이 있을지 궁금할 것이다. 다음 도형 중 한붓그리기가 가능한 것은 무엇일까?

  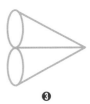

❶ ❷ ❸

1번은 한붓그리기가 가능하다는 걸 단번에 알겠다. 2번도 될 것 같은데, 3번은… 이상하다. 내가 한붓그리기를 잘 못하는 걸까? 그렇지 않다. 한붓그리기가 가능한 것은 1번, 2번 도형뿐이다. 3번 노형은 어느 점에서 시작하더라도 한 번에 전부를 그릴 수 없다. 과연 한붓그리기가 가능한 도형은 어떻게 구별할 수 있을까? 그냥 무작정 그려보는 것 외에는 방법이 없는 걸까?

오일러 덕분에 새로운 재능 발견!

미로 찾기와 달리 한붓그리기에는 법칙이 있다. 이를 발견한 사람은 수학자이자 물리학자였던 '레온하르트 오일러Leonhard Euler'다. 오일러는 '쾨니히스베르크의 다리 건너기 문제'를 통해 한붓그리기의 가능성을 조사했다. 그리고 방법을 찾아내기에 이른다. 그가 발견한 방법이란 다음과 같다.

① 도형의 모든 꼭짓점이 짝수점인 경우 : 모든 점에서 짝수 개의 선이 만날 때 한붓그리기가 가능하다. 이때는 어느 꼭짓점에서 출발하든 마지막에는 제자리로 돌아오는 한붓그리기를 할 수 있다.

② 도형의 꼭짓점 중 단 두 개만 홀수점인 경우 : 이때는 한 쪽 홀수점에서 출발해 나머지 홀수점에서 끝나는 한붓그리기가 가능하다. 이는 홀수점이 아닌 꼭짓점에서 출발하면 한붓그리기가 불가능하다는 뜻이기도 하다.

우리는 이를 '오일러의 정리'라 부른다.

한붓그리기는 수학이나 기하학 등에서만 사용되는 것이 아니라 실생활에서도 유용하게 활용할 수 있다. 각 도시를 연결하는 도로망이나 항공망에 이용되는데, 가령 도로를 청소하는 자동차를 운행할 때 모든 도로를 중복 없이 한 번씩만 지나도록 계획을 세울 수 있다. 그리고 놀이공원에 갔을 때 지도를 펼쳐 같은 놀이기구를 두 번 타지 않으면서 하나도 빠짐없이 모든 놀이기구를 탈 방법을 찾을 때도 한붓그리기로 해결할 수 있다.

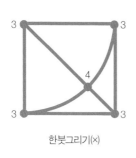

한붓그리기(×)

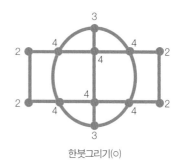

한붓그리기(○)

* 도형의 각 점에 쓰여 있는 숫자는 연결된 선의 개수

이처럼 간단한 두 가지 법칙만 알아도 남들은 몇 번이고 그려봐야 구별할 수 있는 한붓그리기 도형을 단번에 구별해낼 수 있다.

축하한다! 이제부터 당신은 누군가는 갖지 못한 한붓그리기 도형 알아내기 기술을 당신의 여러 재능 가운데 추가하게 되었다. 한붓그리기가 실질적으로 우리 삶에서 다양하게 쓰이는 법칙인 만큼 도심 곳곳에서 이 법칙이 응용된 구조물들을 발견할 수 있게 된 것 역시 당신의 일상에 또 다른 즐거움을 줄 것이다.

31 달력의 비밀

그날이 무슨 요일이었더라?

"올해 생일은 어디서 뭐 할까?"

"글쎄? 무슨 요일인데?"

학교에 다닐 때는 생일날 친구들과 하루쯤 거하게 노는 게 일상이었는데, 성인이 되고 보니 친한 친구들끼리도 특별한 날이 아니면 다 같이 모이는 게 만만치 않다. 그래서 늘 함께 어울려 다니던 친구들은 각자의 생일 시즌이 되면 적당한 날을 골라 만나곤 한다. 가장 명분이 확실하면서 날짜도 적당히 떨어져 있어 4명이면 1년에 4번은 모이는 셈이니까. 그런데 어쩌다 누군가의 생일이 어중간한 요일일 경우, 괜히 차일피일 미루다 흐지부지되는 경우가 있다. 이럴 때는 부지런한 누군가가 나서서 날짜를 챙겨야 한다.

그런데 생일은 바뀌지 않는다고 해도 요일은 해마다 바뀌니 그걸 기억하는 것도 참 성가신 일이다. 달력을 꺼내서 찾아보면 되긴 하지만 특정 날짜의 요일을 몇 단계의 계산만으로 금세 알 수 있는 방법이 있다면 알아두는 것도 괜찮지 않을까?

특정 날짜의 요일, 예를 들어 '올해 어버이날은 무슨 요일이지?', '올해 한글날은 무슨 요일이지?' 등 요일이 궁금할 때면 둠스데이Doomsday를 이용해 쉽게 요일을 알아낼 수 있다.

둠스데이란?

매년 같은 요일인 날짜다. 어떤 한 날과 다른 한 날의 요일이 같으려면 그 두 날 사이 날짜 차이가 7의 배수이면 되는데, 이런 식으로 계산해서 한 해에 같은 요일을 가지는 날짜들을 모은 것이다. 이 날짜들끼리는 무조건 같은 요일이 된다.

예) 매년 4월 4일, 6월 6일, 8월 8일, 10월 10일, 12월 12일, 5월 9일, 7월 11일, 9월 5일, 11월 7일

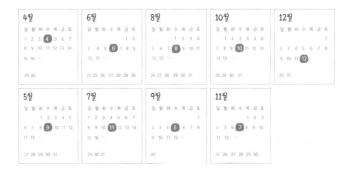

먼저 이 날짜들을 외워두는 것이 중요하다. 그다음 알고 싶은 날짜의 요일을 구하기 위해서는 해당 연도의 둠스데이를 구해야 한다. 2018년의 둠스데이를 구하기 위해 다음 단계를 따라가 보자.

① 알고 싶은 연도의 마지막 두 자리를 12로 나눈 몫과 나머지를 구한다.
→ 2018년의 둠스데이를 구하기 위해 18을 12로 나눠보자. 그러면 몫은 1, 나머지는 6이 된다.

② 앞에서 구한 나머지를 4로 나눈 몫을 구한다.
→ 나머지 6을 4로 나누면 몫은 1이 된다.

③ ①에서 나온 두 가지 숫자와 ②에서 나온 하나의 숫자를 모두 더한다.
→ 1 + 6 + 1 = 8

④ 더해서 나온 수를 7로 나눈 나머지를 구한다.
→ 8을 7로 나누면 나머지는 1이 된다.

위의 값으로 2018년의 둠스데이를 구하려면 한 가지 팁이 필요하다. 아래 팁을 살펴보자.

둠스데이 요일은 매년 바뀌지만, 기준 요일은 100년 단위로 같다.
① 1800년~1899년까지 : 금요일
② 1900년~1999년까지 : 수요일
③ 2000년~2099년까지 : 화요일
④ 2100년~2199년까지 : 일요일

그레고리력은 400년마다 달력이 같아지므로, 2200년부터는 100년마다 금요일, 수요일, 화요일, 일요일 순서로 반복된다.

둠스데이 구하기

앞의 팁을 참고했다면 이제 2018년의 둠스데이를 구해보자. 2018년이 속해 있는 ③의 기준 요일인 '화요일'에 앞서 우리가 구한 값인 '1(하루)'을 더하면 바로 '수요일'이 된다. 우리의 명석한 두뇌가 이미 둠스데이를 기억하고 있으므로, 알고 싶은 날짜의 요일을 정하는 일은 둠스데이에서 가까운 날짜로 간단히 계산하면 된다. 한번 해보자.

① 친구의 생일인 8월 19일은 무슨 요일일까?

② 둠스데이인 8월 8일(수요일)을 기준으로 8월 19일의 요일을 찾는다.

　두 날짜 사이가 7의 배수이면 같은 요일이다. 그러면,

　$8 + 7 = 15$

③ 15일은 8일과 같은 수요일이므로,

　16일은 목요일,

　17일은 금요일,

　18일은 토요일이다.

④ 따라서 8월 19일은 일요일임을 알 수 있다.

친구의 생일은 일요일! 그렇다면 올해는 토요일쯤 만나 신나게 놀면 되겠는데? 아, 잠깐. 1년은 365일이고 7로 나누면 나머지가 1이므로, 다음 해가 되면 요일이 하루씩 밀린다는 사실을 잊지 말자. 그러니 내년 친구 생일은 월요일이 될 것이므로 하루 당겨서 놀아야 한다는 말씀!

32 인생은 게임 이론에 의해 움직인다

천재 수학자, 존 내시의 <뷰티풀 마인드>

"당신은 내가 존재하는 이유이며, 내 모든 존재의 이유에요."

영화를 좋아하는 사람이라면 이 대사만 들어도 떠오르는 장면이 있을 것이다. 2002년, 미국뿐 아니라 한국까지 뜨겁게 열광했던 그 영화. 러셀 크로Russell Crowe 주연의 <뷰티풀 마인드>다. 영화는 경제학자이자 수학자인 존 내시John Nash를 모델로 한 이야기를 담고 있다. 영화에서 가장 유명한 이 대사는 실제로 내시가 노벨상을 수상할 때 소감으로 말한 내용이기도 하다.

존 내시는 1949년 27페이지짜리 박사 논문에서 신경제학의 새로운 패러다임을 제시하며 150년이나 지속되어 오던 경제학 이론을 뒤집은 천재 수학자다. 영화에서 그는 '내시 균형Nash Equilibrium'이라는 이론을 내놓는다. 이는 금발 미녀를 두고 경쟁하는 남학생들의 심리적 역학 관계에서 단서를 얻은 개념이다. 내시 균형 덕분에 그는 천재로 주목받게 된다.

영화에서뿐 아니라 실제로도 내시는 제2의 아인슈타인으로 불렸다. 그러나 그는 50년이라는 시간을 정신분열증에 시달렸다. 그가 1994년에 노벨경제학상을 수상한 것은 어려운 와중에

영화 〈뷰티풀 마인드〉

도 수학이라는 끈을 놓지 않았으며 결국에는 스스로를 이겨냈다는 결과이기도 하다. 〈뷰티풀 마인드〉는 그런 내시의 천재성과 정신분열증으로 인한 고통, 그리고 그를 위해 자신의 전부를 희생한 아내 얼리샤의 사랑을 담은 영화다.

존 내시가 제2의 아인슈타인이라 불리게 된 데에는 앞서 이야기한 '내시 균형'이 큰 역할을 했다. 내시 균형은 게임 이론의 초안이기도 한데 이는 내시에게 노벨경제학상을 안겨준 경제학 및 수학 이론이기 때문이다. 박사 논문에서 처음 언급된 뒤 무려 45년 만에 노벨경제학상으로 이어진 게임 이론이란 과연 무엇일까?

'게임 이론'은 개인과 개인 또는 단체와 단체, 나라와 나라 등 두 집단 사이에 이해관계가 있을 때, 상대방의 전략에 대응해 어떤 선택을

해야 보다 유리하게 최상의 이득을 취할 수 있는지를 연구하는 학문이다. 실생활에 자주 활용되며 경제 현상과도 매우 밀접한 관계를 맺고 있다. 또한 정치에서도 활용된다. 게임 이론이 주로 다루는 것은 '상호 관계를 맺은 사람들이 어떤 선택을 하느냐에 따라 각각 얻을 수 있는 보상이 달라지는 결정'에 관한 것이다. 즉 여기에서 말하는 '게임'이란 자신의 이익을 최대치로 만들기 위해 벌이는 행위와 전략이라고 할 수 있다.

따라서 게임 이론에는 모든 참가자가 자신의 이익 극대화를 추구한다는 전제가 깔려있다. 더불어 모든 참가자가 합리적으로 결정하며 그 사실을 서로가 알고 있다는 사실도 전제되어 있다. 게임 이론에는 '결정 게임', '영합(제로섬) 게임', '비결정 게임', '비영합 게임' 등이 있다. 이 중 '결정 게임'과 '비영합 게임'을 통해 합리적 선택을 하는 방법을 찾아보자.

먼저 결정 게임이다. 한때 게임 이론은 군사학에서 전쟁에 승리하기 위한 방법을 세우는 데 매우 중요한 역할을 했다. 제2차 세계대전으로 전 세계는 한동안 전쟁의 공포에 시달려야 했다. 그리고 드디어 전쟁이 막바지에 다다랐을 무렵 일본군과 연합군은 마지막 전투를 위해 뉴기니아 섬에서 서로 대치하게 된다. 연합군의 조지 케니George Kenney 장군은 고민에 빠졌다. 일본이 병력을 증가하고 전쟁에 필요한 물품을 수송하려면 뉴브리튼 섬의 북쪽 항로(비스마르크해)나 남쪽 항로(솔로몬해) 중 한 곳을 선택할 것이 틀림없었기 때문이다.

어느 쪽이든 항해에는 사흘이라는 시간이 걸렸지만 북쪽은 많은 비가 왔고 남쪽은 날씨가 맑았다. 맑은 날(남쪽)에는 일본군을 찾는 데 시간이 얼마 걸리지 않지만 비바람이 불 때(북쪽)는 하루의 시간이 필요했다. 또한 서로 다른 항로를 선택했다는 사실을 깨닫는 데에도 하루라는 시간이 걸렸다. 이러한 사실을 고려해 케니 장군은 이동 중인 일본군을 폭격할 계획을 세웠다. 일본군은 당연히 자국이 연합군의 폭격을 최대한 피할 방법을 고민했고, 반대로 연합군은 최대한 일본을 폭격할 수 있는 방법을 고민했다. 따라서 연합군 역시 북쪽과 남쪽 중 하나의 항로를 선택해야 하는 입장에 놓였다. 어느 항로를 선택하느냐에 따라 연합군이 일본군을 폭격할 수 있는 기간은 다음과 같다.

일본군 연합군	북쪽 항로	남쪽 항로
북쪽 항로	이틀	이틀
남쪽 항로	하루	사흘

만일 일본군이 북쪽을 선택했을 때 연합군도 북쪽을 선택하면 사흘의 시간 중 비바람 속에서 일본의 수송 병력을 찾는 데 걸리는 하루라는 시간을 제하고 이틀을 폭격할 수 있다.

일본군이 북쪽을 선택했는데 연합군이 남쪽을 선택했을 때는 일본이 다른 쪽으로 갔다는 사실을 깨닫고 다시 북쪽으로 가는 데 하루, 비바람이 치는 그곳에서 일본군을 찾는 데 하루가 걸려 폭격할 수 있는 날은 하루밖에 되지 않는다.

반대로 일본군이 남쪽을 선택했을 때 연합군도 남쪽을 선택하면 맑은 날씨에 곧바로 일본의 수송 병력을 발견해 공격할 수 있어 사흘간 폭격이 가능하다.

일본군이 남쪽을 선택했는데 연합군이 북쪽을 선택하면 일본군을 찾아 다시 남쪽으로 가는 데 하루가 걸리므로 이틀 동안 폭격할 수 있다.

최대한 폭격할 수 있는 날이 많기를 바라는 연합군, 반대로 최대한 폭격당할 날이 적기를 바라는 일본군. 이 상황에서 이들은 각각 어떤 선택을 해야 할까? 치열한 두뇌 싸움 끝에 그들이 선택할 수 있는 최선의 전략은 무엇일까? 연합군과 일본군 모두 남쪽과 북쪽 항로 중 하나를 선택했을 때 일어날 수 있는 최악의 경우를 먼저 생각해야 한다. 그리고 그들 중 더 나은 경우, 즉 차악^{大惡}을 선택하는 것이다. 다음 표를 보자.

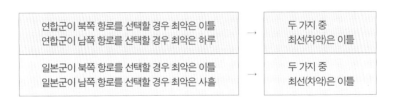

연합군이 북쪽 항로를 선택할 경우 최악은 이틀 연합군이 남쪽 항로를 선택할 경우 최악은 하루	→	두 가지 중 최선(차악)은 이틀
일본군이 북쪽 항로를 선택할 경우 최악은 이틀 일본군이 남쪽 항로를 선택할 경우 최악은 사흘	→	두 가지 중 최선(차악)은 이틀

내가 연합군이라면 어떤 선택을 해야 할까? 그리고 일본군이라면 어떤 선택을 하는 것이 좋을까?

연합군은 북쪽과 남쪽 항로를 선택했을 때 각각 최악의 결과인 이틀 폭격과 하루 폭격 중 더 나은 조건인 북쪽 항로를 선택해야 한다. 일본 역시 두 항로를 선택할 경우 최악의 결과인 사흘 폭격과 이틀 폭격 중 더 나은 북쪽 항로를 선택하는 것이 좋다. 결국 연합군과 일본군 모두 최악의 경우를 고려했을 때 최선이자 차악인 북쪽 항로를 선택하게 된다.

실제로 이 해전에서 일본군은 북쪽으로 갔고 연합군도 북쪽 항로를 선택했다. 연합군은 폭풍우와 비바람 속에서 하루 만에 일본의 수송 병력을 찾아냈고 남은 이틀간의 폭격으로 대부분을 격파했다.

어떻게 최악을 피할 것인가

게임 이론 중 비영합 게임에 관한 대표적인 사례가 바로 '죄수의 딜레마prisoner's dilemma'다. 비영합 게임은 상호 의존적 관계에서 한 사람이 큰 이득을 얻게 되더라도 다른 한 사람에게 큰 손해를 유발하지 않는 경우를 말한다. 죄수 A와 죄수 B가 오랜 추격 끝에 결국 경찰에 붙잡혔다. 그리고 서로 격리된 채 심문을 받게 된다. 선택은 오직 두 가지뿐이다. 자백 혹은 묵비권이다.

두 사람 모두 자백을 하게 되면 각각 5년 형을 선고받는다. 그러나 죄수 A가 자백하고 죄수 B가 묵비권을 행사할 경우, 죄수 A는 곧바로 풀려나겠지만 죄수 B는 징역 20년 형을 받는다. 한편 죄수 B가 자백을 하고 죄수 A가 묵비권을 선택하면 죄수 B는 무죄가 되지만 죄수 A는 20년 형을 선고받게 된다. 마지막으로 두 죄수 모두 묵비권을 행사한다면, 3일씩만 구류를 살고 나갈 수 있게 된다.

죄수 A는 죄수 B가 어떤 선택을 할지 알 수 없다. 그러니 일어날 수 있는 상황을 모두 고려해야 한다. 자신이 자백할 때 죄수 B가 함께 자백하면 5년 형을 받고, 죄수 B가 묵비권을 행사하면 석방된다.

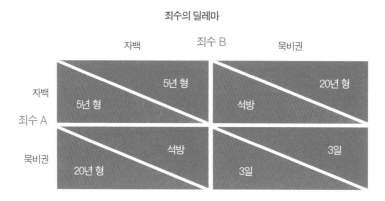

죄수의 딜레마

죄수 B

	자백	묵비권
자백 죄수 A	5년 형 / 5년 형	석방 / 20년 형
묵비권	20년 형 / 석방	3일 / 3일

반대로 자신이 묵비권을 선택했을 때 죄수 B가 자백하면 20년 형을 받고, 죄수 B가 함께 묵비권을 선택하면 3일간 고생을 해야 한다. 즉 죄수 A에게 일어날 수 있는 최악의 상황은 묵비권을 행사했을 때 죄수 B가 자백하는 것이다. 그러니 최악을 피하려면 죄수 A의 선택은 자백이 될 수밖에 없다.

이번에는 죄수 B의 상황을 보자. 그가 자백할 때 죄수 A도 자백하면 5년 형을 받고, 죄수 A가 묵비권을 선택하면 석방된다. 반대로 죄수 B가 묵비권을 행사하는데 죄수 A가 자백하면 20년 형을, 죄수 A가 함께 묵비권을 사용하면 3일의 구류를 살다 나오게 된다. 따라서 죄수 B가 예측할 수 있는 최악은 자신이 묵비권을 선택하고 죄수 A가 자백하는 상황이다. 결국 죄수 B도 같은 이유로 '죄수 A가 자백하든 묵비권을 선택하든 나는 자백하는 게 낫겠군'이라는 결론에 이르게 된다. 죄수 A와 B 모두 자기 이득만을 생각한다면 최악의 결과를 가져오는 선택을 피해 자백하는 게 나을 것이다.

두 사람 모두 묵비권을 행사해 3일만 구류를 살다 나올 수도 있지만 상대가 어떤 선택을 할지 확신이 서지 않는 불확실한 상황에서는 최선의 선택보다 최악을 방지하는 선택을 하는 것이 더욱 합리적이다. 결국 동료 죄수가 진술을 어떻게 할지 모르는 상황에서 '죄수의 딜레마'는 신뢰에 기초한다. 서로 신뢰가 없을 때 죄수들은 딜레마에 빠질 것이고, 서로에 대한 신뢰가 있을 때는 불신으로 하는 선택보다 훨씬 좋은 결과를 가져올 것이다.

33 최선의 결혼 상대자를 만나려면?

요하네스 케플러의 맞선

독일의 천문학자 요하네스 케플러Johannes Kepler. 천문학자인 그는 코페르니쿠스Copernicus의 지동설을 수정하고 발전시킨 것으로 널리 알려졌지만 이색적이게도 11명의 여성과 맞선을 본 것으로도 유명하다. 케플러는 1211년에 홀아비가 되었고 이후 재혼을 위한 맞선을 보기 시작했다. 그러나 맞선 지원자들의 요소요소를 따지며 심사숙고한 그는 결국 2년이 넘는 시간 동안 배우자를 정하지 못하고 갈팡질팡하고 만다.

맞선을 마친 뒤 케플러는 자신에게 물었다고 한다. '내가 배

요하네스 케플러

우자를 고르지 못하는 것은 스스로의 도덕적 문제 때문일까, 아니면 신의 섭리 때문일까?'라고. 그러나 여러 조건을 두고 확실하게 결정하지 못한 채 갈팡질팡하다가 결국 최선의 기회를 놓쳐버리고 만 뒤 자기반성을 하는 것은 비단 케플러만의 모습은 아닐 것이다. 이쯤에서 최선의 배우자를 선택할 수 있는 수학적 방법을 소개해보고자 한다. 바로 '최대 수 고르기'다.

최대 수 고르기

한 가지 게임을 해보자. 먼저 쪽지를 준비해라. 많을수록 좋다. 그리고 함께 게임을 하는 사람에게 원하는 대로 쪽지에 숫자를 적어보라고 한다. 1 이상의 숫자라면 무엇이든 좋다. 100 이상의 숫자도 상관없다. 마지막으로 쪽지에 적은 숫자가 보이지 않게 접어 뒤집어놓고는 잘 섞는다. 이제 게임을 할 준비는 모두 마쳤다.

쪽지에 숫자를 적지 않은 사람이 쪽지를 하나씩 뒤집기 시작한다. 그리고 쪽지들에 적힌 숫자 중 가장 큰 숫자가 나왔다고 생각할 때 뒤집기를 멈춘다. 앞에서 뽑은 쪽지의 숫자를 나중에 선택하는 것은 안 된다. 이미 뽑고 선택하지 않은 숫자가 나중에 뽑은 숫자보다 더 크더라도 다시 선택할 수 없다. 만약 마지막 쪽지까

지 다 뒤집었다면 그 사람이 선택한 숫자는 마지막에 뽑은 쪽지의 숫자가 된다.

여기서 지켜져야 할 가장 중요한 규칙이 있다. 쪽지를 뽑는 사람은 절대로 쪽지에 어떤 숫자가 적혀있는지 몰라야 한다는 것이다. 이럴 때 가장 큰 숫자, 즉 최대 수를 고르는 확률이 낮아진다. 그런데 만약 이 게임에서 쪽지 속 숫자와는 관계없이 $\frac{1}{3}$ 보다 높은 확률로 최대 수를 골라낼 수 있는 방법이 있다면? 그럼 케플러처럼 무려 2년이라는 시간을 낭비하지 않고 보다 빠르게 좋은 배우자를 찾아낼 수 있지 않을까? 그 방법은 바로 '이미 나온 수로부터 얻은 정보를 이용해 아직 나오지 않은 수를 판단하기'다. 문장만으로는 이해하기 어려울 수 있으므로 게임을 이용해 더욱 쉽게 최대 수를 구하는 방법을 알아보자.

첫째, 적당한 개수의 쪽지를 하나씩 선택한다. 둘째, 선택한 쪽지 속 숫자들 중 가장 큰 숫자를 기준으로 삼고 쪽지를 계속 골라간다. 셋째, 앞서 기준으로 정한 숫자보다 더 큰 숫자가 나왔을 때 선택을 멈춘다. 그렇다면 이때 적당한 개수의 쪽지는 어느 정도를 말하는 걸까?

최적의 선택은 전체 쪽지 수의 $\frac{1}{3}$ 에 해당하는 개수를 고른 뒤 기준을 정하는 것이다. 이때 최대 수를 고를 확률은 $\frac{1}{e}$ 로 약 36.8%가 된다 (오일러의 수 e는 자연로그의 밑으로 그 값은 약 2.71이다).

최대 수를 고를 확률은 약 36.8%

이 게임을 통해 알 수 있는 방법은 비단 맞선뿐 아니라 실생활에도 얼마든지 적용이 가능하다는 것이다. 실제로 아르바이트생이나 직원을 뽑는 일에도 적용한 이 방법은 1960년대에 '비서 문제', '결혼 문제'라는 이름으로 불렸다. 제한된 경우의 수에서 가장 최선의 선택을 할 가능성이 높은 방법인 최대 수 고르기는 36.8%라는 높은 확률을 가졌기에 충분히 활용 가능한 방법이다.

물론 이 방법이 반드시 최고의 후보자를 선택할 수 있는 것은 아니다. 그러나 최선의 전략임에는 분명하다. 누군가는 말할 것이다. 면접에서 탈락시켰던 면접자를 다시 불러 채용하면 되지 않느냐고. 맞선역시 놓쳤던 상대에게 다시 연락해 붙잡을 수도 있는 것 아니냐고. 물론 현실에서는 충분히 그렇게 행동할 수 있다. 그러나 이미 탈락시킨사람을 다시 채용하는 것과 만남을 포기한 사람에게 다시 연락했을 때 그 상대가 여전히 당신의 연락을 기다릴 거라는 보장은 어디에도 없다. 이 사실을 부정할 사람은 없으리라.

최대 수 고르기에는 수학의 법칙 하나가 전제되어 있다. '최적 정지 optimal stopping'다. 최적 멈춤이라고도 불리는 이 법칙은 언제 멈추는 것이 가장 좋은 방법인지를 수학적으로 접근한 것이다. 특히 이미 결정한 선택을 번복하기 어려운 금융 분야에서 굉장히 유용하게 사용되고 있다. 대표적으로 주식을 팔아야 할 최적의 가격을 결정하거나 스톡옵션(기업의 임직원이 일정 기간 내에 미리 정해진 가격으로 소속 회사에서 자사주식을 살 수 있는 권리)을 행사할 시기를 결정할 때가 있다. 그 외에도 언제 연료 사용을 중단하는 것이 가장 효율적인지를 선택해야 할 때,

처방이나 치료를 중단할 시점을 판단할 때 등 다양한 상황에서 적용할 수 있다.

여담으로 덧붙이자면 케플러는 결국 11명의 여인을 모두 만난 뒤 5번째로 만났던 맞선 상대와 결혼했다고 한다. 사실 그가 가장 마음에 들었던 상대는 4번째 맞선 상대였지만 그가 11명을 모두 만나고 고민하는 사이 2년이라는 시간이 흘렀고 그녀는 케플러의 결혼 제안을 거절했다. 결국 케플러는 그다음으로 마음에 들었던 5번째 맞선 상대와 결혼했다. 만약 케플러가 최대 수 고르기, 즉 최적 정지 법칙을 사용했다면 가장 마음에 든 상대와 결혼하는 것은 물론 오랜 시간을 낭비하지도 않았을 것이다.

34 짜장면 속에 거듭제곱의 비밀이?

수타 짜장면 한번 먹어볼까?

이삿날이면 꼭 먹어야 한다는 짜장면. 특별히 당기는 음식이 없는 날이면 문득 잘 만들어진 김이 모락모락 나는 짜장면 한 그릇이 떠오른다. 영화나 드라마에서 짜장면을 맛있게 먹는 장면이 나올 때는 더 말할 것도 없을 테고.

간만의 휴일. 온 가족이 외식을 하기로 했다. 어떤 메뉴를 고를까 고민하고 있는데 조카가 큰 소리로 말한다.

"나 짜장면 먹고 싶어요, 삼촌!"

원탁에 둘러앉은 가족들은 두근거리는 마음으로 짜장면과 탕수육을 기다린다. 맛있는 냄새를 맡으면서 빨리 음식이 나오길 기다리는데 주방에서 '탕', '탕' 하며 면을 두드리는 소리가 어렴풋이 들린다.

"삼촌, 이게 무슨 소리에요?"

"수타면 만드는 소리지."

"수타면이요?"

"응. 면을 기계로 만들지 않고 직접 손으로 만든다고 해서 수타면이라고 하는 거야."

"그렇구나!"

그때 김이 모락모락 나는 짜장면이 들어온다. 혀를 낼름 두르는 조카의 눈이 반짝거린다. 그러더니 문득 궁금하다는 얼굴로 쳐다본다.

"그런데 삼촌, 이 짜장면을 만들려면 면이 몇 가닥이나 필요한 거에요? 주방장 아저씨 팔 엄청 아프겠다…"

한 번 접을 때마다 두 배로 늘어나는 마술

보통 짜장면 한 그릇에는 128가닥의 면이 들어간다. 이 많은 가닥을 만들어내려면 얼마나 많은 시간이 걸릴까? 아마 한 번쯤은 주방장이 면을 뽑는 모습을 본 적 있을 것이다. 길고 굵은 면발을 탕탕 두드리면서 늘릴 때마다 가닥이 점점 늘어나는 신기한 모습을 말이다. 그것이 바로 수타 짜장면의 비밀이다. 신기하게도 이는 종이접기와 같은 원리다. 종이를 한 번 접으면 두 겹이 되고, 두 번 접으면 네 겹이 되는 것처럼 한 번씩 접을 때마다 두 배로 늘어나는 원리대로 면도 두 배로 계속 늘어난다. 이것을 계산해보면 한 그릇의 짜장면을 만들기 위해 몇 번이나 두드려야 하는지 답을 찾을 수 있다.

$$1$$
$$2 = 1 \times 2 = 2^1$$
$$4 = 2 \times 2 = 2^2$$
$$8 = 4 \times 2 = 2^3$$
$$16 = 8 \times 2 = 2^4$$
$$32 = 16 \times 2 = 2^5$$
$$64 = 32 \times 2 = 2^6$$
$$128 = 64 \times 2 = 2^7$$

총 7번을 접으면 128가닥의 면을 만들 수 있다. 이렇게 같은 수를 여러 번 반복해서 곱하는 것을 '거듭제곱'이라고 한다. 거듭제곱의 원리를 처음 사용한 사람은 네덜란드의 수학자 시몬 스테빈Simon Stevin이다. 1586년 스테빈은 1제곱, 2제곱, 3제곱을 기호를 써서 나타냈다. 항간에는 게을렀던 스테빈이 같은 숫자를 반복해서 쓰는 것을 귀찮아해서 거듭제곱을 만들었다는 이야기도 있다.

거듭제곱을 이용하면 작은 수도 금세 큰 숫자로 만들 수 있다. 그렇다고 당장 수타면에 도전하지는 말기를. 초보자라면 단순히 밀가루 반죽을 7번만 두드린다고 되는 일은 아닐 테니까!

35 어떻게 공평하게
나눠 먹을 수 있을까?

네모난 케이크를 5등분하는 방법

생일은 단순히 내가 태어난 날을 기념하는 것 이상으로 신나는 요소가 많은 이벤트 데이다. 친구들과 가족의 진심 어린 축하, 신나고 즐거운 파티, 각양각색의 선물과 맛난 요리들까지. 그중에는 평소에는 딱히 먹을 일이 없는 커다란 케이크를 먹는 것도 포함되어 있을 것이다. 그러나 케이크를 먹을 때면 늘 사소한 문제에 봉착하게 된다. 어떻게 잘라야 케이크를 공평한 크기로 나눌 수 있느냐는 것이다.

둥근 케이크는 중앙에서 각각의 반지름에 따라 자르면 몇 명이든 손쉽게 나눠 먹을 수 있다. 그러나 네모난 케이크는 다르다. 4명이 나눠먹을 때야 칼을 대칭축에 잘 맞추어 자르면 간단한 일이지만 5명이 먹을 때부터는 문제가 생긴다. 과연 어떤 방법으로 케이크를 잘라야 모

두가 공평하게 먹는 것이 가능할까?

모두가 사이좋게 행복한 생일을 보내기 위해, 지금부터 공평하게 케이크 자르는 방법을 알아보자.

보통 네모난 케이크를 공평하게 자른다고 하면 십자가 모양으로 자르는 방법부터 떠올릴 것이다. 하지만 5등분을 해야 한다면 이야기가 달라진다. 이때는 먼저 케이크를 대각선 방향으로 자른다. 그리고 두 조각을 움직여 긴 직사각형 모양으로 만든다. 그다음 5등분으로 평행하게 자르는 것이다. 이러한 방법을 사용하면 5명이 공평하게 케이크를 나누어 먹을 수 있다.

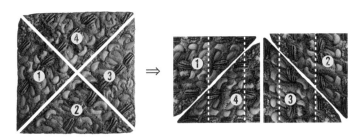

물론 위와 같은 방법이 정답은 아니다. 누군가는 저렇게 긴 직사각형으로 만들어 5등분해 나눌 것이라면 애초에 정사각형 케이크를 다섯 등분해서 먹겠다고 할 수도 있다. 혹은 더 수학적인 방법으로 접근해 모양은 같지 않더라도 같은 양의 케이크를 나눌 방법도 있을 것이다.

별 것 아닌 듯하지만 쉽지 않은 케이크 나누기. 만약 나만의 케이크 자르는 방법을 알게 된다면 다른 이들과 공유해보자. 혹시 아는가? 누구도 발견해내지 못한 새롭고 기발한 아이디어를 최초로 소유하는 사람이 될지?

+ × ÷ – – + × + × ÷ – – + × ÷

<u>36</u> 생일이 같은 사람을
만나 본 적 있나요?

+ × ÷ – – + × + × ÷ – – + × ÷

설마, 너도 나와 생일이 같아?

5월이면 주말에 다른 약속을 잡을 수가 없다. 친구, 친척, 동료까지… 어찌나 결혼식이 많은지. 간만에 옷 좀 차려입고 예식장에 가보니 요즘 유행한다는 스몰 웨딩인가 보다. 가족을 제외한 나머지 하객은 눈대중으로 보니 약 60명 정도 되어 보였다.

식이 진행되는 것을 보고 사진도 한 장 찍고 원탁에 앉아 식사를 하는데, 오랜만에 만나는 사람들이 많아 인사하느라 바쁘다. 그런데 옆자리 사람들의 이야기가 들린다.

"어제 생일이었지? 어디 좋은 데 갔어?"

"좋은 데는 무슨. 미역국도 못 먹었어, 바빠서."

그런데 참 신기하다. 나도 생일이 어제였는데. 이런 우연이? 그렇게 고개를 갸웃하고 있는데 옆 테이블에서 두 친구가 또 이야기를 나누는 것이다. 새로 산 듯 반짝거리는 시계를 보여주며 말이다.

"예쁘지? 어제 생일선물로 가족들이 사줬어."

"오, 예쁜데?"

헐, 그럼 저 친구도 어제 생일이었다는 건가? 대체 이 예식장에는 나와 생일이 같은 사람이 몇 명이란 말인가.

살다 보면 생일이 같은 사람을 우연히 만나는 경우가 있다. 그럴 때마다 우리가 신기하게 느끼는 이유는 같은 날 태어난 사람을 만날 확률이 굉장히 낮은 것처럼 느껴지기 때문이다. '1년은 365일이나 되는데 그중 하루라니…' 하면서 말이다. 정말 나와 생일이 같은 사람을 만날 확률은 그렇게 낮은 걸까? 궁금증을 해결해보자.

결혼식에서처럼 60명의 사람이 있다고 하자. 그들 중 나와 생일이 같은 사람이 반드시 있을 확률은 얼마나 될까? 다음 중 하나를 선택해보자.

① 약 25%
② 약 50%
③ 약 75%
④ 약 100%

아마 대부분이 ① 또는 ②라고 대답할 것이다. 그런데 만약 답이 ④라면? "에이 말도 안 돼!"라며 손사래부터 칠 것이다. 1년은 365일이고, 60이라는 숫자는 365의 '$\frac{1}{6}$'도 안 되니까. 고작 60명 중에 나와 생일이 같은 사람이 존재할 확률이 100%에 가깝다는 말은 곧 하루에도 몇 번이고 나와 같은 날에 태어난 사람들과 스쳐 지나간다는 뜻이 아닌가? 과연 그런 일이 가능하기나 한 걸까?

이제부터 그 사실을 차근차근 확인해보자. 그에 앞서 질문을 조금 바꿔서 답을 찾아보자.

'결혼식에 참석한 60명의 하객의 생일이 모두 다를 확률은 얼마일까?'

이 질문의 답을 구하면 우리가 원래 구하고자 했던 질문의 답도 쉽게 얻을 수 있다.

결혼식에 참석한 A. 그녀와 생일이 다른 B라는 사람이 이 결혼식에 참석할 확률은 $\frac{364}{365}$이다. 그리고 A, B 모두와 생일이 다른 C라는 사람이 참석할 확률은 $\frac{363}{365}$이다. 이렇게 모두 60명의 사람을 모으면 생일이 다른 사람들의 확률을 구할 수 있을 것이다. 그러면 아래와 같이 계산해볼 수 있다.

확률의 곱셈법칙(사건들이 동시에 일어날 확률은 개별 사건의 확률을 곱하면 된다)에 의하면 60명 모두 생일이 다를 확률은 아래와 같은 식으로 나타난다. 단, 1년이 366일인 윤년은 고려하지 않기로 한다.

$$\frac{364}{365} \times \frac{363}{365} \times \frac{362}{365} \times \cdots \times \frac{306}{365} = 0.0059$$

따라서 원래 문제인 '60명 중 나와 생일이 같은 사람이 반드시 존재할까?'의 답을 구한다면, 1에서 0.0059를 뺀 값이므로 0.9941이 된다. 이것은 퍼센트로 하면 99.4%이므로 거의 100%에 가까운 값이다. 많은 사람들이 선택한 25% 혹은 50%와는 큰 차이가 나는 결과다.

23명만 있어도 충분하다

수학자 로버트 매슈스Robert Matthews의 연구는 생일이 같을 확률에 대한 또 하나의 재미있는 결과를 보여준다. 경기 일정이 있는 주말, 축구선수와 주심 등 23명으로 이루어진 축구팀이 경기를 하러 왔다. 앞에서는 결혼식장에서 나와 생일이 같은 사람을 찾는 확률이었다면, 이번에는 양 팀의 축구 선수들 중 생일이 같은 사람이 존재할 확률은 얼마나 될까를 알아보는 것이다. 연구 결과 매슈스는 두 경기 중 한 경기 꼴로 생일이 같은 사람이 존재한다는 것을 알아냈다.

그렇다면 두 명 이상의 사람이 생일이 같을 확률이 50%가 되기 위해서는 적어도 몇 명의 사람들을 조사해봐야 할까? 상당히 많은 사람들을 조사해봐야 하지 않을까? 그러나 매슈스가 보여준 결과처럼, 실제로는 23명만 조사하면 된다. 왜 그럴까?

n명의 생일을 조사했을 때 2명 이상의 사람의 생일이 같을 확률 0.5를 조금 익숙하게 표현하면 '적어도 두 명의 생일이 같을 확률이 0.5가 된다. 자, 이렇게 정리해보자.

사건 A가 일어날 확률을 p라 할 때, 사건 A가 일어나지 않을 확률은 $1-p$인 '여사건의 확률'을 이용하면
1 - (모두 생일이 다를 확률) = 0.5

① 조사대상 n명이 모두 생일이 다를 확률은

$$\frac{365-1}{365} \times \frac{365-2}{365} \times \cdots \times \frac{365-(n-1)}{365} = \frac{365!}{365^n (365-n)!}$$

② 적어도 2명의 생일이 같을 확률 $p(n)$은 1 - (n명 모두 생일이 다를 확률)

$$p(n) = 1 - \frac{365!}{365^n (365-n)!}$$

③ 따라서 1 - (모두 생일이 다를 확률) = 0.5에서

$$1 - \frac{365!}{365^n (365-n)!} = 0.5$$

인 n을 구하면 된다.

얼핏 생각할 때는 1년은 365일이므로 생일도 365가지가 존재하니까 임의의 두 사람이 같은 날 태어났을 확률이 $\frac{1}{365}$ 일 것 같다. 그러니까 적어도 365명은 모여야 생일이 같은 사람이 나오지 않을까 하는 것이다. 그런데 실제로는 23명만 모여도 생일이 같은 사람이 존재할 확률이 50%가 되고, 결혼식장 이야기에서 확인했듯이 60명이 모이면 무려 99%가 넘는다. 이처럼 생일에 관한 확률적 결과가 우리의 직관에서 벗어난 결과를 가져온 것을 두고 이 문제를 '생일 역설' 또는 '생일 패러독스'라고 부른다.

인원수에 비례해 생일이 같은 사람이 존재할 확률을 좀 더 구체적으로 알고 싶다면 다음 표를 참고하자.

인원수(n)	생일이 같은 사람이 있을 확률(p(n))
1	0.0%
5	2.7%
10	11.7%
20	41.1%
23	50.7%
30	70.6%
40	89.1%
50	97.0%
60	99.4%
70	99.9%
100	99.99997%
200	99.9999999999998%
300	$\{100 - (6 \times 10^{-80})\}$ %
366	100%
367	100%

출처: en.wikipedia.org

<u>37</u> 더해서 나누면 평균?

평균이라는 함정

우리는 생활 속에서 '평균'이라는 말을 참 많이 쓴다.

"요즘 물가가 많이 올랐어. 채소 값도 폴쩍 뛰었다니까? 두 달 전 6월에는 대파 한 단이 1,000원이었는데, 7월에 2,000원으로 오르더니 세상에 8월이 되니까 1만 6,000원이나 하더라고. 아무리 가뭄이 심해도 이건 너무하지 않아? 지난해보다 평균 7~8배는 오른 것 같아."

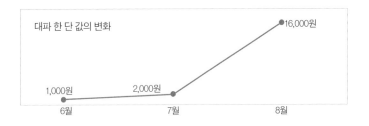

대파 한 단 값의 변화

1,000원   2,000원   16,000원

6월   7월   8월

과연 우리는 평균이라는 표현을 제대로 사용하고 있는 걸까? 먼저 대파 가격이 정말 2개월 사이에 7~8배나 상승했는지 계산해보자. 7월은 6월보다 2배, 8월은 7월보다 8배가 올랐으니 $\frac{2+8}{2}=5$배 상승했다고 생각할 수 있다. 하지만 곱으로 이루어지는 값들의 평균은 기하평균을 이용해 구해야 한다. 평균 몇 원이 상승했는지를 구하는 게 아니라 평균 몇 배 상승했는지를 구하는 것이기 때문이다. 7월과 8월의 가격 상승분인 2와 8을 곱해 나온 16의 제곱근인 4를 구할 수 있으니, 한 달 평균 4배씩 가격이 상승했다고 하는 것이 옳은 방식이다.

$$1,000원 \xrightarrow{\text{2배}} 2,000원 \xrightarrow{\text{8배}} 16,000원$$
$$1,000원 \xrightarrow{\text{5배}} 5,000원 \xrightarrow{\text{5배}} 25,000원 \;(\times)$$
$$1,000원 \xrightarrow{\text{4배}} 4,000원 \xrightarrow{\text{4배}} 16,000원 \;(\bigcirc)$$

조금 더 쉬운 예를 한번 들어보자.

가로의 길이가 2, 세로의 길이가 8인 직사각형과 같은 넓이를 가진 정사각형의 한 변의 길이를 구할 때도 산술평균이 아닌 기하평균을 이용하여 $\sqrt{2\times8}=\sqrt{16}=4$로 구할 수 있다.

직육면체와 같은 부피를 가진 정육면체의 한 변의 길이를 구하는 것도 마찬가지다. 가로, 세로, 높이가 각각 1, 2, 4인 직육면체와 같은 부피를 가진 정육면체의 한 변의 길이를 구할 때 $\sqrt[3]{1\times2\times4}=\sqrt[3]{8}=2$로 구할 수 있다.

그럼 이쯤에서 '기하평균'이 무엇인지 좀 더 자세히 짚어봐야 하지 않을까? 기하평균에 관한 설명을 돕기 위해 '산술평균'과 '조화평균'에 대해서도 함께 정리해보자.

① 산술평균

n개의 수가 있을 때 모든 수의 합을 수의 개수인 n으로 나눈 값으로 일반적인 평균을 말한다. 성적 등의 평균을 구할 때 사용한다.

$$(산술평균) = \frac{(n \text{ 개의 수의 합})}{n}$$

② 기하평균

n개의 양수가 있을 때, 이 수들의 곱의 n 제곱근 값을 말한다.
증가율, 성장률, 복리 등의 평균을 구할 때 사용한다.

$$(기하평균) = \sqrt[n]{(n \text{ 개의 수의 곱})}$$

③ 조화평균

n개의 양수가 있을 때, 주어진 각 수의 역수를 산술평균한 것의 역수이다.
저항이나 속력 등의 평균을 구할 때 사용한다.

$$(조화평균) = \frac{n}{(n \text{ 개의 수의 역수의 합})}$$

일반적으로 무엇의 평균을 낼 때 산술평균을 사용한다. 하지만 때때로 그 평균이 적용이 되지 않는 경우가 있다. 비율로 나타내는 경제 성장률, 물가 상승률, 이자율 등의 평균을 낼 때는 기하평균을 사용하며, 평균 속력을 구하기 위해서는 조화평균을 사용한다. 분기별로 보도되는 경제 성장률, 물가 상승률, 인구 증감률 등은 현재 상황을 파악하고 앞으로 나아갈 방향이나 정책의 변화에 영향을 주는 중요한 수치이므로 그것들의 평균을 정확히 계산하는 것은 매우 중요하다.

만일 평균의 개념을 정확히 알지 못하는 사람이 신문기사나 주요 지표를 작성할 경우 잘못된 산술 방식을 사용할 수도 있다. 그리고 상황에 따라 저마다 다른 평균 개념을 적용해야 한다는 사실을 모르는 사람들 또한 잘못된 평균 데이터를 아무런 의심도 없이 받아들이고는 한다. 다양한 수치가 넘쳐나는 복잡한 세상을 살아가는 우리에겐 평균을 올바르게 사용해 정확한 정보를 받아들이는 태도가 필요하다.

평균 얼마나 올랐을까?

이제 평균의 개념에 대해 조금은 알게 됐으니 다음 예를 통해 적용해보자.

어떤 가수의 5월 수입은 100만 원이었다. 6월에는 5월보다 12% 증가하여 112만 원이었고, 출연한 프로그램이 많은 인기를 얻은 7월에는 6월보다 75% 증가한 196만 원을 벌었다. 6월의 총수익은 5월 총수익의 1.12배가 증가한 것이고, 7월의 총수익은 6월보다 1.75배가 증가했다는 것을 알 수 있다.

$$100만\ 원 \xrightarrow{\text{12% 증가}} 112만\ 원 \xrightarrow{\text{75% 증가}} 196만\ 원$$

$$100만\ 원 \xrightarrow{\text{1.12배}} 112만\ 원 \xrightarrow{\text{1.75배}} 196만\ 원$$

그렇다면 가수의 수익은 평균 몇 배가 오른 것일까? 기하평균을 이용해 풀어보면

$$\sqrt{1.12 \times 1.75} = \sqrt{1.96} = 1.4$$

한 달 평균 1.4배, 즉 40%가 증가한 것을 확인할 수 있다(1.4 = 1 + 0.4).

$$100만\ 원 \xrightarrow{\ 1.4배\ } 140만\ 원 \xrightarrow{\ 1.4배\ } 196만\ 원$$

$$100만\ 원 \xrightarrow{\ 40\%\ 증가\ } 140만\ 원 \xrightarrow{\ 40\%\ 증가\ } 196만\ 원$$

참고로 기하평균은 산술평균보다 항상 작거나 같아서 이것을 이용하면 경제 성장률이나 특정 수치를 좀 더 높게 보이고자 했을 때는 불리할 수 있다. 이를 이용해 때때로 기하평균 대신 산술평균으로 특정 수치를 구한 뒤 교묘하게 사람들의 눈속임을 할 때가 있으니 각별히 주의하자.

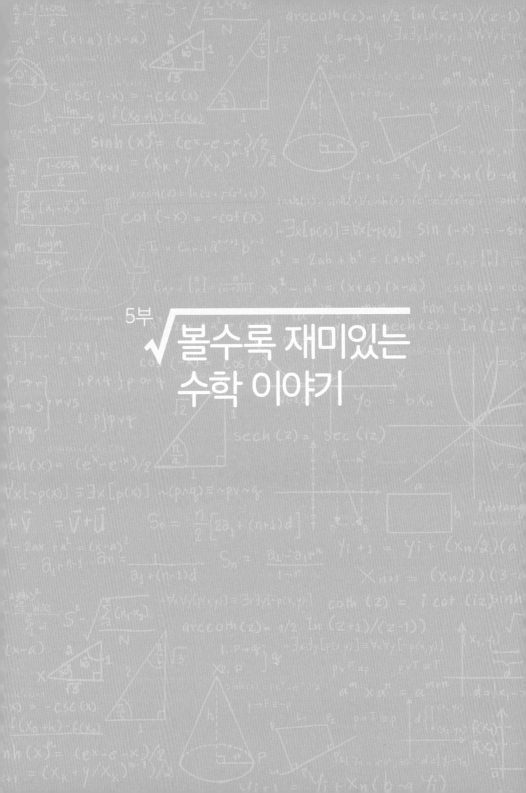

5부 √ 볼수록 재미있는
수학 이야기

<u>38</u> 이번엔 덧셈의 혁명이다

덧셈, 너는 누구냐

우리는 앞서 곱셈의 혁명에 관해 이야기했다. 수학 천재는 저절로 만들어지는 것이 아니라는 이야기도 함께 말이다. 이번에는 덧셈 혁명에 관해 알아볼 차례다. 곱셈은 덧셈을 발전시킨 것이다.

$$25 + 25 + 25 = 25 \times 3$$

먼저 자연수의 합부터 알아보자.

우리가 배우는 교과서에는 덧셈에 대해 설명할 때, 19세기 최고의 수학자인 카를 프리드리히 가우스Carl Friedrich Gauss의 이야기를 들려준다. 가우스가 열 살이었을 때 선생님은 수업시간에 너무 떠드는 학생들을 조용히 시키려고 문제를 내주었다.

"1에서 100까지 자연수를 더해보렴."

하지만 가우스는 3초도 되지 않아 정답을 맞혔다.

"답은 5,050입니다, 선생님!"

"아니, 어떻게 그렇게 금방 답이 나올 수 있지? 어떻게 풀었니?"

가우스의 계산법을 들은 선생님은 놀라움을 감출 수 없었다.

가우스의 계산법은 다음과 같다. 먼저 1에서 100까지의 숫자를 차례로 쓰고, 다시 반대로 100에서 1까지 쓴 다음 두 수를 더해 101을 만들었다.

$$
\begin{array}{r}
1 + 2 + 3 + \cdots + 98 + 99 + 100 \\
+\quad 100 + 99 + 98 + \cdots + 3 + 2 + 1 \\
\hline
101 + 101 + 101 + \cdots + 101 + 101 + 101
\end{array}
$$
$$\underbrace{\qquad\qquad\qquad}_{100개}$$

이렇게 하면 101이 모두 100번 만들어지기 때문에 $\dfrac{101 \times 100}{2}$ = 5050 이 되는 것이다.

가우스의 계산법으로 1부터 10까지 자연수의 합을 구해보면 다음과 같다.

$$
\begin{array}{r}
1 + 2 + 3 + \cdots + 8 + 9 + 10 \\
+\quad 10 + 9 + 8 + \cdots + 3 + 2 + 1 \\
\hline
11 + 11 + 11 + \cdots + 11 + 11 + 11
\end{array}
$$
$$\underbrace{\qquad\qquad\qquad}_{10개}$$

11이 모두 10번 만들어지기 때문에 $\dfrac{11 \times 10}{2} = 55$가 된다.

같은 방법으로 1부터 n까지의 합을 구해보자.

$$
\begin{array}{c}
\quad 1 \;\; + \;\; 2 \;\; + \;\; 3 \;\; + \cdots + (n\text{-}2) + (n\text{-}1) + \;\; n \\
+\quad n \;\; + (n\text{-}1) + (n\text{-}2) + \cdots + \;\; 3 \;\; + \;\; 2 \;\; + \;\; 1 \\
\hline
\underbrace{(n+1) + (n+1) + (n+1) + \cdots + (n+1) + (n+1) + (n+1)}_{n\text{개}}
\end{array}
$$

$n + 1$이 모두 n번 만들어지기 때문에 1부터 n까지의 합은 $\dfrac{(n+1) \times n}{2}$, 즉 $\dfrac{n(n+1)}{2}$ 이 되는 것이다.

이를 정리하면 다음과 같다.

1에서 n까지의 자연수의 합을 S라 하면

$$S = 1 + 2 + \cdots + n = \frac{n(n+1)}{2}$$

하지만 이것은 가우스의 방법이고, 나는 평균의 개념을 도입한 발상법을 여러분에게 전수하려고 한다. 한 가지 예를 들어보자.

3학년 2반 친구들의 수학 시험 점수의 평균은 70점이다. 그런데 평균이 70점이라는 것일 뿐 100점을 받은 학생도 있고, 0점을 받은 학생도 있고, 50점을 받은 학생도 있을 것이다. 어쩌면 70점을 받은 학생은 없을지도 모른다. 하지만 평균의 개념에서 이런 개개인의 점수는 의미가 없다. 반 학생들의 점수를 모두 70점으로 생각하겠다는 것이니까. 그럼 3학년 2반 학생은 모두 3명이라고 가정하고 3명의 시험 점수는 각각 60점, 70점, 80점이라 하자. 그러면 평균은 다음과 같다.

$$\frac{60 + 70 + 80}{3} = 70(점)$$

이렇게 숫자 간격이 일정하게 배열된 경우는 양쪽 끝 숫자만으로도 평균을 구할 수 있다.

$$\frac{60 + 80}{2} = 70(점)$$

위에서 구한 것과 같이 3명의 시험점수 평균은 70점이므로 60도 70으로, 80도 70으로 생각할 수 있다.

$$\begin{matrix} 60 & 70 & 80 \\ 70 & 70 & 70 \end{matrix}$$

따라서 평균을 이용해 총점을 구해보면 70 + 70 + 70, 즉 70 × 3 = 210(점)이다.

지금까지의 과정을 식으로 나타내면 다음과 같다.

$$60 + 70 + 80 = 70 + 70 + 70 = 70 \times 3 = 210$$

또 일정하게 커지는 더 많은 숫자들의 합도 평균을 이용해 구할 수 있다. 예를 들어 1부터 10까지 자연수의 합을 구할 때는 숫자 간격이 일정하게 배열되어 있으므로 양쪽 끝 숫자인 1과 10의 평균, 즉 $\frac{1+10}{2}=5.5$가 전체 평균이 된다. 한눈에 확인할 수 있도록 수직선으로 나타내보자.

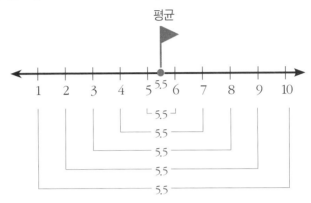

1부터 10까지의 평균은 5.5이므로 1도 5.5로, 2도 5.5로, 3도 5.5로, …, 10도 5.5로 생각할 수 있다.

1	2	3	4	5	6	7	8	9	10
5.5	5.5	5.5	5.5	5.5	5.5	5.5	5.5	5.5	5.5

따라서 평균을 이용해 1부터 10까지의 합을 구하면 $5.5 \times 10 = 55$가 된다. 지금까지의 과정을 식으로 정리하면 다음과 같다.

$$1 + 2 + 3 + \cdots + 10 = \underbrace{5.5 + 5.5 + 5.5 + \cdots + 5.5}_{10개} = 5.5 \times 10 = 55$$

또한 바둑알을 직사각형 모양으로 배열해 봐도 알 수 있다.

바둑알을 1부터 10까지 첫 번째 줄에는 바둑알 1개, 두 번째 줄에는 바둑알 2개, ⋯, 10번째 줄에는 바둑알 10개를 배열하고 같은 모양의 삼각형을 거꾸로 뒤집고 원래 있었던 것과 합치면 가로줄에는 바둑알이 11개, 세로줄에는 바둑알이 10개인 직사각형 모양이 된다. 따라서 구하고자 하는 자연수의 합은 $11 \times 10 \div 2 = 55$로 구할 수 있다.

1부터 n까지 자연수의 합도 평균을 이용해 구해보자.

1부터 n까지의 배열도 간격이 일정하므로 양쪽 끝 숫자인 1과 n의 평균, 즉 $\dfrac{1+n}{2}$이 전체평균이 된다. 따라서 1도 $\dfrac{1+n}{2}$, 2도 $\dfrac{1+n}{2}$, 3도 $\dfrac{1+n}{2}$, ⋯, n도 $\dfrac{1+n}{2}$으로 생각할 수 있다.

$$
\begin{array}{ccccc}
1 & 2 & 3 & \cdots & n \\
\dfrac{1+n}{2} & \dfrac{1+n}{2} & \dfrac{1+n}{2} & \cdots & \dfrac{1+n}{2}
\end{array}
$$

그러므로 평균을 이용해 1부터 n까지 자연수의 합을 구하면 $\dfrac{1+n}{2} \times n$, 즉 $\dfrac{n(n+1)}{2}$이다.

이번에는 홀수의 합을 알아보자.

먼저 간단하게 연속하는 세 홀수 1, 3, 5의 합을 구해보자. 1, 3, 5의 평균을 구해보면 $\frac{1+3+5}{3}=3$이므로 1도 3, 5도 3으로 생각할 수 있다.

$$
\begin{array}{ccc}
1 & 3 & 5 \\
3 & 3 & 3
\end{array}
$$

평균을 이용해 1, 3, 5의 합을 구하면 3 + 3 + 3, 즉 3 × 3 = 3^2이다. 이 과정을 식으로 나타내면 다음과 같다.

$$1+3+5=3+3+3=3\times3=3^2$$

더 나아가서 연속하는 홀수 1, 3, 5, …, 2n - 1(n은 자연수)의 합을 구해보자. 이 경우도 숫자 간격이 일정하므로 양쪽 끝 숫자인 1과 2n - 1의 평균, 즉 $\frac{1+(2n-1)}{2}=n$이 전체 평균이 된다. 그러므로 1도 n, 3도 n, 5도 n, …, 2n - 1도 n으로 생각할 수 있다.

$$
\begin{array}{ccccc}
1 & 3 & 5 & \cdots & 2n-1 \\
n & n & n & \cdots & n
\end{array}
$$

따라서 평균을 이용해 연속하는 홀수의 합을 구하면 $n\times n=n^2$이다. 이 과정을 식으로 나타내면 다음과 같다.

$$1 + 3 + 5 + \cdots + 2n - 1 = \underbrace{n + n + n + \cdots + n}_{n\text{개}} = n \times n = n^2$$

이렇게 1부터 시작해서 연속하는 홀수를 모두 더하면 홀수의 합은 놀랍게도 항상 완전제곱수(정수의 제곱으로 된 수)가 된다. 다음 그림처럼 바둑알을 계속 배열하다 보면 계속해서 가로 세로의 바둑알의 개수가 같은 정사각형 모양이 되는 것을 보면 좀 더 쉽게 이해가 될 것이다.

$$1 + 3 = 2^2$$

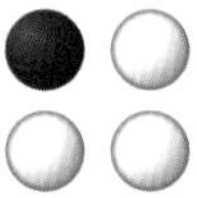

$$1 + 3 + 5 = 3^2$$

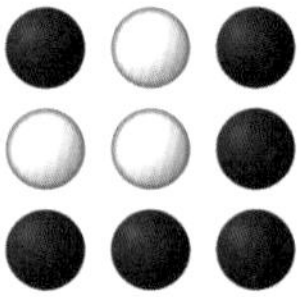

같은 방법으로 계속하면

$$1 + 3 + 5 + 7 + 9 = 5^2$$

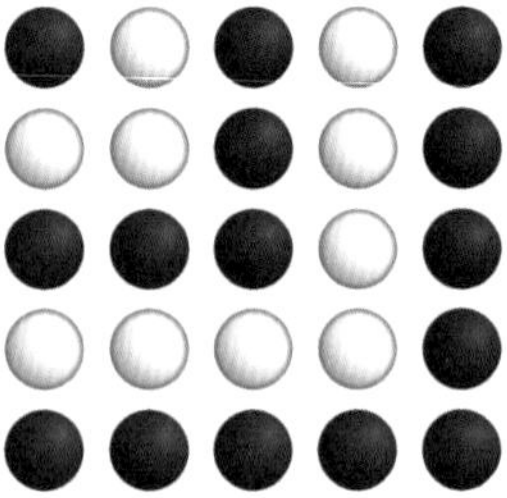

자연수와 홀수의 합까지 구해봤으니 이제 짝수의 합은 길고 긴 과정

없이도 쉽게 구할 수 있을 것이다. 1부터 n까지 자연수의 합이 $\dfrac{n(n+1)}{2}$ 인 것을 이용해 짝수의 합을 구해보자.

$$2 + 4 + 6 + \cdots + 2n = 2(1 + 2 + 3 + \cdots + n) = 2 \times \frac{n(n+1)}{2} = n(n+1)$$

평균을 이용해서도 구해보자. 연속하는 짝수도 숫자 간에 간격이 일정하므로 양쪽 끝 숫자인 2와 $2n$의 평균, 즉 $\dfrac{2+2n}{2} = 1+n$이 전체 평균이 되므로 바로 구할 수 있다.

$$2 + 4 + 6 + \cdots + 2n = (1 + n) \times n = n(n+1)$$

+ × ÷ − − + × + × ÷ − − + × ÷

<u>39</u> 신은 6일 만에
세상을 창조했다?

+ × ÷ − − + × + × ÷ − − + × ÷

수의 완전성을 좌우하는 것

'완전수'라는 말을 들어본 적 있는가? 완전수는 실제로 수학을 공부하는 데 직접적인 도움이 되는 것은 아니다. 하지만 오래전부터 많은 수학자들이 완전수에 대해 파고들었다. 그만큼 흥미로운 주제라는 의미일 것이다. 특히 완전수에 엄청난 관심을 보였던 피타고라스와 함께 완전수에 대해서 이야기해보자.

피타고라스는 수의 완전성에 대해 오른쪽 그림과 같이 생각했다. 피타고라스가 말한 완전수를 설명하기 위해서는 먼저 수의 다양한 개

수의 완전성을
좌우하는 것은 무엇일까?
그 수의 약수들이 아닐까.

념을 정리할 필요가 있겠다. 이는 모두 완전수를 파헤치던 수학자들이 '완전수가 아닌 다른 수는 어떻게 표현해야 할까?'를 고민한 결과이기도 하다.

① 초과수excessive number : 자기 자신을 제외한 양의 약수를 모두 더한 값이 원래의 수보다 큰 수
12의 자기 자신을 제외한 양의 약수 : 1, 2, 3, 4, 6
$1 + 2 + 3 + 4 + 6 = 16 > 12$

② 불완전수defective number : 자기 자신을 제외한 양의 약수의 합이 원래의 수보다 작은 수
8의 자기 자신을 제외한 양의 약수 : 1, 2, 4
$1 + 2 + 4 = 7 < 8$

③ 완전수perfect number : 자기 자신을 제외한 양의 약수를 모두 더했을 때 자기 자신이 되는 수. 가장 작은 완전수는 6, 그다음 완전수는 28이다.
6의 자기 자신을 제외한 양의 약수 : 1, 2, 3
$1 + 2 + 3 = 6$
28의 자기 자신을 제외한 양의 약수 : 1, 2, 4, 7, 14
$1 + 2 + 4 + 7 + 14 = 28$

이들 중 가장 성립하기 어렵고도 중요한 완전수에 대해 알아보자. 앞서 정리한 것처럼 가장 작은 완전수는 6이고 그다음 완전수는 28이다. 사람들은 이 숫자에 나름대로 의미를 부여했다. 신은 6일 만에 세

상을 창조했고, 달의 공전 주기가 28일이라는 것이 그 증거다. 이런 식으로 성 아우구스티누스St. Augustine는 《신국론The City of God》에서 이렇게 말하기도 했다.

신은 세상을 한순간에
창조할 수 있었다.
하지만 우주의 완전함을 계시하기 위해
일부러 6일이나 시간을 끌었다

완전수에 맞춰 우주를 해석한다면 그의 말이 맞을지도 모르겠다.

그런데 가장 작은 완전수인 6과 그다음 완전수인 28을 지나면 좀처럼 완전수를 보기 어렵다.

세 번째 완전수는 496
네 번째 완전수는 8,128
다섯 번째 완전수는 33,550,336
여섯 번째 완전수는 무려 8,589,869,056에 달한다.

이러한 완전수는 어떤 특징을 가지고 있을까? 피타고라스는 완전수가 가진 여러 가지 특징들을 알아냈다. 그중 하나는 '완전수는 항상 연속되는 자연수의 합으로 표현될 수 있다'는 점이다.

$$6 = 1 + 2 + 3$$

$$28 = 1 + 2 + 3 + 4 + 5 + 6 + 7$$

$$496 = 1 + 2 + 3 + \cdots + 30 + 31$$

$$8,128 = 1 + 2 + 3 + \cdots + 126 + 127$$

'아니 이런 비밀이?'

피타고라스는 수학의 대가답게 완전수의 매력에 깊이 빠져들었다. 그리고 그는 '완전수'에 대해 더욱 깊이 파고들면서 또 하나의 완전성, 바로 숫자 2와 완전수가 깊은 관련이 있다는 사실을 깨달았다. 즉 2의 거듭제곱은 결코 완전수가 될 수 없다는 사실 말이다.

$$2^2 = 2 \times 2 = 4$$

(4의 자기 자신을 제외한 양의 약수 : 1, 2 합 : 3)

$$2^3 = 2 \times 2 \times 2 = 8$$

(8의 자기 자신을 제외한 양의 약수 : 1, 2, 4 합 : 7)

$$2^4 = 2 \times 2 \times 2 \times 2 = 16$$

(16의 자기 자신을 제외한 양의 약수 : 1, 2, 4, 8 합 : 15)

$$2^5 = 2 \times 2 \times 2 \times 2 \times 2 = 32$$

(32의 자기 자신을 제외한 양의 약수 : 1, 2, 4, 8, 16 합 : 31)

2의 거듭제곱의 모든 약수의 합을 보면 항상 1이 모자란 안타까운 '불완전수'가 되는 것이다. 그리스인들은 약수의 합이 원래의 수보다 1만큼 큰 초과수는 단 하나도 발견하지 못했다. 그렇다면 그로부터 2,500년이나 지난 오늘날에는 어떨까? 안타깝게도 여전히 초과수는 발견하지 못한 채 미지로 남아 있다.

무엇을 완전수라고 할까?

완전수에 대한 연구는 피타고라스 이후에도 지속됐다. '기하학의 원리'를 제시한 그리스 수학자 유클리드Euclid는 피타고라스가 한 완전수에 대한 설명을 멋진 말로 받아냈다.

완전수는 항상 두 자연수의 곱으로 나타낼 수 있다. 이들 중 하나는 2의 제곱수이고 나머지 하나는 그 수에 2를 곱한 뒤 1을 뺀 수다.

오늘날에는 컴퓨터의 도움으로 엄청나게 큰 완전수들을 찾아낼 수 있게 되었다. 컴퓨터가 찾아낸 완전수 중에는 13만 자리나 되는 수도 존재한다. 그런데 이 역시 여전히 유클리드의 법칙을 따른다. 처음 12개의 완전수는 다음과 같은데, 일의 자릿수가 6 또는 8이라는 사실을 알 수 있다.

6

28

496

8,128

33,550,336

8,589,869,056

137,438,691,328

2,305,843,008,139,952,128

2,658,455,991,569,831,744,654,692,615,953,842,176

191,561,942,608,236,107,294,793,378,084,303,638,130,997,321,548,1
69,216

13,164,036,458,569,648,337,239,753,460,458,722,910,223,472,318,386
,943,117,783,728,128

14,474,011,154,664,524,427,946,373,126,085,988,481,573,677,491,474,
835,889,066,354,349,131,199,152,128

하지만 유클리드가 제시한 법칙에 대해 이런 의문이 따른다. '모든 짝수 완전수는 유클리드가 제시한 법칙을 다 따르는 걸까?' 스위스의 수학자이자 물리학자 오일러Euler는 이 질문에 대한 답을 명쾌하게 증명한다. 그 답을 정리하면 다음과 같다.

n이 짝수 완전수일 필요충분조건은
$n = 2^{m-1}(2^m - 1)$로 표시되며 $2^m - 1$이 소수이다(단, m은 $m \geq 2$인 정수).

오일러는 짝수인 완전수에 대해 명확하게 증명해 보였다. 그렇다면 홀수는 어떠할까? 아쉽게도 홀수인 완전수는 아직까지 밝혀진 게 없다. 대부분의 수학자들은 홀수인 완전수가 존재하지 않을 거라고 생각하지만 세상 어딘가에서 호기심 충만한 어느 수학자가 홀수 완전수에 대해 지금도 연구하고 있을지 모를 일이다.

+ × ÷ − − + × + × ÷ − − + × ÷

<u>40</u> 이집트의 수학 노트

+ × ÷ − − + × + × ÷ − − + × ÷

이집트의 분수 계산법

현재 우리가 사용하고 있는 숫자는 '아라비아 숫자'라고 불리는 인도의 산크리트어의 알파벳이 본래의 뜻과 다르게 전해지면서 굳어진 것이다. 하지만 그보다 훨씬 오래전인 기원전 3000년 무렵부터 고대 이집트에서는 상형문자로 숫자를 표시했다. 이처럼 상상을 뛰어넘을 만큼 오래전부터 숫자를 사용한 이집트인들의 산술법을 수많은 수학자들이 연구해오고 있다. 실제로 매우 중요한 이론이 이집트의 숫자에서 발견되기도 했다. 지금부터 이집트인들의 수학 노트를 살펴보면서 그들이 사용했던 산술 가운데 재미있는 것들을 함께 알아보자.

고대 이집트의 수학 지식을 적어놓은 두루마리 노트인 '아메스 파피루스Ahmes Papyrus'는 스코틀랜드의 법률가이자 이집트학 학자인 헨리

린드Henry Rhind가 발견했다고 해서 '린드 파피루스'라고도 불린다. 파피루스는 종이가 없던 시절 고대 이집트인들이 종이 대신 문자를 기록한 것이다.

아메스 파피루스

기원전 1,700년경에 쓰여진 길이 5.5m, 폭 0.33m의 이 파피루스에는 분수를 나열한 표와 87가지의 수학 문제가 담겨 있다. 이 내용은 이집트인들의 셈과 측량법을 알아낼 중요한 연구 자료이기도 하다. 흥미로운 사실은 총 87개의 수학 문제 중 무려 81개의 문제가 분수와 관련되어 있다는 것이다. 그래서일까? 지금도 전 세계 수학자들은 '이집트인들의 분수 계산법이야말로 그들의 산술 중 가장 놀랍다'고 입을 모아 이야기할 정도다.

아메스 파피루스를 살펴보면 $\frac{2}{3}$를 제외한 모든 분수는 분자가 1인 단위분수만을 사용한 것을 알 수 있다. $\frac{2}{3}$는 특수한 상형문자로 나냈다. 그렇다면 이집트인들은 어떻게 단위분수가 아닌 분수를 표현했을까?

한마디로 설명하자면 분모를 쪼갰다. 즉 단위분수가 아닌 분수일 경우 그것의 분모를 쪼개 여러 개의 단위분수를 만들어 그것을 더하는 방식으로 나타낸 것이다. 예를 들어 $\frac{2}{5}$ 는 $\frac{1}{3} + \frac{1}{15}$ 로 표기했고 $\frac{2}{13}$ 는 $\frac{1}{8} + \frac{1}{52} + \frac{1}{104}$ 로 표기했다. 이때는 같은 단위분수를 중복해 사용하지 않았다.

이집트 수학의 수수께끼 중 하나가 바로 단위분수가 아닌 분수를 어떻게 여러 개의 단위분수로 나눴는가 하는 것이다. 그리고 그렇게 쪼개진 단위분수는 어떤 조건에 의해 구한 것인지, 그러한 특정 단위분수를 선택한 이유에 관한 궁금증을 불러일으켰다.

아메스 파피루스는 분자가 2이고 분모가 5에서 101까지인 모든 홀수로 된 분수를 서로 다른 단위분수의 합으로 표현한 계산표로 시작한다.

아메스 파피루스 속 분모 쪼개기 계산표

$\frac{2}{n}$	$\frac{1}{p}$		$\frac{1}{q}$		$\frac{1}{r}$
5	3		15		
7	4		28		
9	6	+	18	+	
11	6		66		
13	8		52		104
…	…		…		…

첫 번째 세로줄인 $\frac{2}{n}$ 는 분자가 2이고 분모가 3보다 큰 홀수인 분수를 뜻한다. 그에 이어 연속되는 세로줄은 이 분수를 완성하기 위해 서로 다른 단위분수를 쪼갠 것이다. 이들을 순서대로 더하면 분자가 2이고 분모가 5 이상인 분수를 단위분수만으로 표기할 수 있다.

아메스 파피루스에서 눈여겨볼 것은 분수 $\frac{1}{2}$과 $\frac{2}{3}$는 특별한 상형문자로 표현했다는 사실이다. $\frac{1}{2}$은 천을 접은 모양으로, $\frac{2}{3}$는 타원에 두 개의 줄기가 걸쳐 있는 모양이다.

이집트의 곱셈과 나눗셈법

이번에는 이집트인들이 사용하던 곱셈과 나눗셈 방법에 대해 이야기해보자. 이집트인들은 곱셈과 나눗셈을 할 때 2의 거듭제곱을 이용했다. 다소 번거롭기는 하지만 덧셈으로 변형시켜 계산을 간소화시키는 배가 연산 방식에 해당한다. 그리고 이 방법은 계산 결과가 분수가 아닌 정수일 때만 적용할 수 있다.

이 계산법은 '(피승수) × (승수)'에 대해 피승수를 2의 거듭제곱들의 합으로 분해하고, 분해한 이들 2의 거듭제곱들과 승수를 곱하는 것이다. 이 방법에 따라 실제로 계산할 때에는 각 수를 두 개의 세로줄에 각각 배치한다. 그리고 왼쪽 세로줄에는 1부터 시작해 아래로 내려가며 계속 2씩 곱한 값을 적고, 오른쪽 세로줄에는 왼쪽 세로줄의 값과 승수를 곱한 값을 적는다. 그런 다음 서기가 왼쪽 줄에서 피승수를 분해한 2의 거듭제곱들이 놓여 있는 가로줄을 표시하고, 이 가로줄에 있는 오른쪽 세로줄의 값들을 모두 더하면 된다.

이를테면 14 × 11의 경우, 피승수 14는 2의 거듭제곱들의 합으로 분해하고, 이 분해된 2의 거듭제곱들과 승수 11을 곱한다. 그런 다음 왼쪽 세로줄에서 더해 14가 되는 2의 거듭제곱들이 놓인 가로줄을 빨간색으로 표시하고, 이 가로줄에 있는 오른쪽 세로줄의 값들을 더한다.

이집트의 곱셈 방식

14(피승수)	11(승수)
1	1 × 11 = 11
2	2 × 11 = 22
4	4 × 11 = 44
8	8 × 11 = 88
2 + 4 + 8 = 14	22 + 44 + 88 = 154

나눗셈을 할 때는 똑같은 표를 만들어 이 과정을 거꾸로 하면 된다. (피제수) ÷ (제수)에 대해 오른쪽 세로줄에는 1부터 시작하는 2의 거듭제곱들과 제수를 곱한 값들을 적은 다음 합이 피제수가 되는 값들이 놓인 가로줄을 표시한다. 이때 몫은 표시된 가로줄에 있는 왼쪽 세로줄의 값들을 더하면 된다.

이집트의 미지량 계산법

아메스 파피루스는 고대 이집트인들의 또 다른 수학적 능력에 대해 흥미로운 사실을 보여준다. 대수학에서 가장 간단한 식의 형태는 일차방정식 $x + ax = b$이다. 이때 a와 b는 미지량을 나타낸다. 아메스 파피루스에는 미지량인 '더미heap'를 찾는 문제가 실려 있다. 예를 들어 24번 문제는 '더미와 그 더미의 $\frac{1}{7}$의 합이 19일 때 더미를 구하여라'다. 이를 식으로 나타내기 위해 더미를 x라고 하면 $x + \frac{1}{7}x = 19$가 된다.

고대 이집트 사람들은 미지량의 더미를 나타내는 상형문자를 '아하aha-calculus'라고 불렀다. 그래서 미지량 더미의 대수학은 '아하 해석학'이라고 알려지기도 했다.

이 외에도 아메스 파피루스에는 경사면의 기울기를 구하는 방법도 적혀 있다. 직각삼각형의 가장 긴 변(빗면)의 기울기를 구하는 이 방식은 피라미드 건설에 중요한 역할을 한 것으로 추측된다. 그리고 사각형의 땅 넓이를 구하는 방법을 통해 당시의 측량술을 확인할 수도 있다.

고대 이집트의 수학 기술을 담은 파피루스 속의 문제는 전 세계 수학자들의 흥미를 자극했다. 수학자들은 지금도 이집트인들이 어떻게 복잡한 공식을 발견해냈는지를 연구하고 있다. 한 예로 아메스 파피루스보다 200년이나 앞서 이집트 수학을 기록한 것으로 알려진 모스크바 파피루스의 14번 문제는 사각뿔대와 관련이 있다. 여기에는 사각뿔대의 단면 그림은 물론 부피를 효율적으로 구하는 공식까지 자세히 기록하고 있다. 이 공식은 꽤 복잡한데 현재 이 식을 유도하기 위해서는 미분학의 도움을 받아야 한다. 이집트인들이 어떻게 이런 공식을 알게 되었는지는 아직까지 수수께끼로 남아 있다.

<u>41</u> 《이상한 나라의 앨리스》와 42진법

루이스 캐럴은 수학자?

《이상한 나라의 앨리스》를 모르는 사람은 없을 것이다. 어린 시절 몇 번이고 호기심 가득한 눈으로 보았던 이 책은 모든 사람들의 추억 속에 고스란히 간직되어 있다. 이 매력적인 작품은 전 세계 170여 개 언어로 번역되어 연극, 영화, 드라마, 뮤지컬, 애니메이션 등 다양한 분야에서 각색되고 변형되어 시간이 흘러도 늘 새로운 콘텐츠로 자리 잡았다.

이상한 나라의 앨리스

그런데 《이상한 나라의 앨리스》를 쓴 작가 루이스 캐럴Lewis Carrol이 수학자라는 사실을 아는가? 1851년 옥스퍼드 그리스도 대학교에 진학해 수학, 신학, 문학을 공부했고, 훗날 모교의 수학 교수를 지냈다. 그는 성직자의 자격을 얻었지만 내성적인 성격과 말더듬이 때문에 평생 설교를 하지 않았다. 루이스 캐럴은 《이상한 나라의 앨리스》와 《거울 나라의 앨리스》라는 두 작품으로 엄청난 명성을 얻었지만, 수학자로서 그를 기억하는 사람은 드물다. 지금부터는 수학자로서 그의 숨겨진 이야기를 해볼까 한다.

루이스 캐럴은 정통 수학을 연구했다기보다는 '유희 수학'에 빠진 수학자였다. 기호 논리학과 수학 퍼즐 등을 즐긴 그는 말 그대로 수학에 매료된 사람이었다. 이 같은 배경 때문에 그의 작품에서는 일반 작가들의 문학에서는 찾아볼 수 없는 독특한 세계관이 담겨 있다. 그의 기발한 상상력과 작품 속 곳곳에서 드러나는 상징성, 알쏭달쏭한 철학적 대화, 역설 논리, 현란한 언어유희와 수학적 퍼즐 등이 어우러져 《이상한 나라의 앨리스》가 만들어졌다. 덕분에 출간된 지 150년이 지난 지금까지도 문학과 예술, 심지어 현대 과학 등 다양한 분야에 영감을 주는 모티브로 평가받는다.

특히 그의 작품에 등장하는 '체서 고양이' 캐릭터의 특징을 반영한 '양자 체서 고양이'라는 새로운 이론은 21세기 양자물리학에서 매우 중요한 역할을 하는 연구 중 하나다. 그뿐 아니라 진화론과 경영학 분야에서는 적자생존 경쟁을 설명할 때 《거울 나라의 앨리스》 속 캐릭터인 붉은 여왕에서 개념을 빌려온 '붉은 여왕의 가설'을 활용한다. 루이스 캐럴이 만들어낸 작품이 단순한 동화를 넘어 다양한 학문이 발전하는 데 큰 영향을 미쳤음을 보여주는 것이다.

체셔 고양이

붉은 여왕

《이상한 나라의 앨리스》 속 수학 이야기

"… 4 곱하기 5는 12이고, 4 곱하기 6은 13, 그리고 4 곱하기 7은… 안 돼! 이런 식으로 가면 20까지는 절대 도달하지 못할 거야!"

《이상한 나라의 앨리스》 제2장 '눈물 연못'에서 주인공 앨리스가 내뱉는 독백이다. 케이크를 먹고 갑자기 몸이 엄청나게 커지더니 토끼가 떨어뜨린 부채를 부치자 다시 몸이 엄청나게 작아지기를 반복하는 앨리스는 자신의 키를 찾겠다며 모든 지식을 동원해 구구단을 외운다. 그런데 우리가 알고 있는 구구단이 아니다.

대체 앨리스는 왜 이렇게 터무니없는 방식으로 구구단을 계산했을까? 그리고 왜 20까지 절대 도달하지 못할 거라고 생각했을까? 사실 여기에는 수학을 하나의 놀이로 여겼던 루이스 캐럴만의 괴짜답지만 정교한 계산 방식이 숨어 있다. 책 속에서 앨리스의 키가 커졌다가 작아지기를 반복하듯 숫자가 연산법칙에 따라 커졌다가 작아지기를 반복하는 모습을 빗댄 것이다.

4 × 5 = 12 (10진법의 곱셈값 20을 18진법으로 표기)
4 × 6 = 13 (마찬가지로 24를 21진법으로 표기)
4 × 7 = 14 (28을 24진법으로 표기)
4 × 8 = 15 (32를 27진법으로 표기)
4 × 9 = 16 (36을 30진법으로 표기)
4 × 10 = 17 (40을 33진법으로 표기)
4 × 11 = 18 (44를 36진법으로 표기)
4 × 12 = 19 (48을 39진법으로 표기)

4 × 5의 값은 분명 20이다. 그런데 앨리스가 12라고 말한 것은 18진법으로 계산했기 때문이다. 18진법에서는 0부터 17까지는 한 자릿 수이고 18이 되면 두 자릿 수로 올라간다. 4 × 5 = 20이고 20 = 1 × 18 + 2이므로 12로 표기한다. 같은 방법으로 4 × 6의 값은 우리가 평소 사용하는 10진법에서는 24이지만 21진법으로 표기하면 1 × 21 + 3이므로 13으로 표기한다.

그런데 앨리스의 구구단 중 눈여겨봐야 할 것이 또 한 가지 있다. 곱셈이 진행되면서 진법이 3씩 늘어나는 것이다. 처음에는 곱셈을 18진법으로 계산하더니, 다음 곱셈은 21진법으로, 그다음 곱셈은 24진법으로 계산한다. 이렇게 진법이 변화하면서 숫자가 늘어나는 까닭에 우리가 일상생활에서 활용하는 구구단과는 전혀 다른 결과가 나온다. 우리가 앨리스의 곱셈을 들었을 때 선뜻 이해할 수 없던 것도 이러한 까닭이다. 게다가 계속해서 3씩 증가하는 진법에 의해 숫자 표기가 달라지면서 앨리스의 말대로 영원히 20에 도달할 수 없는 셈법이 되어버렸다.

4 × 13 = 52를 42진법으로 계산하면 42 + 10이다. 얼핏 보면 이를 20으로 표기할 수 있지 않을까 하고 생각할 수도 있다. 하지만 10진법에서 10 + 10을 20이라고 표기하듯이 42진법에서 20이라는 숫자를 표기하기 위해서는 42 + 42라는 계산이 나와야 한다. 따라서 42 + 10을 42진법으로 계산해 표기하면 10이 된다. 결국 20이라는 숫자가 나오려면 3씩 증가하는 진법으로 계산해 나온 숫자의 증가 속도가 3보다 커야 하는 것이다. 하지만 앨리스의 계산법을 보면 숫자는 진법이 3씩 증가할 때마다 1씩 증가하더니 39진법에서 19라는 숫자가 나오고 42진법에서 다시 10으로 돌아가고 말았다. 결국 앨리스의 계산 방식으로 나올 수 있는 최대 숫자는 19인 것이다. 아무리 진법을 3씩 증가시켜 계산해도 20은 영원히 나올 수 없다.

앨리스와 42의 비밀

《이상한 나라의 앨리스》 속에는 재미로만 보았을 때는 결코 찾을 수 없었던 다양한 수학적 이론들이 곳곳에 담겨 있다. 그중에는 '42의 비밀'이라는 것도 있다. 루이스 캐럴이 가장 좋아한 숫자는 42였다고 한다. 그래서인지 그의 작품 속에는 42란 숫자가 여기저기 교묘하게 숨어 있다.《이상한 나라의 앨리스》에 실린 유명한 존 테니얼John Tenniel의 삽화가 모두 42장인 것도 우연의 일치가 아니다.

존 테니얼의 삽화

제8장 '여왕의 크로케 경기장'에 실린 존 테니얼의 삽화를 보면 각각 2, 5, 7을 나타내는 카드를 입고 있는 정원사들의 모습을 확인할 수 있다. 이 숫자를 모두 더하면 14가 된다. 그런데 10 이하의 소수 중 여기서 빠진 것은 3이다. 그렇다면 14와 3을 한번 곱해볼까? 그 답은 42다.

42라는 숫자가 숨겨진 곳은 또 있다(책의 내용보다 숫자 42를 찾는 일이 더 어렵다니!). 그래도 재미있으니 계속 찾아보자. 제5장 '양털과 물' 이야기를 기억하는가? 여기에서 앨리스는 나이를 묻는 여왕에게 이렇게 말한다.

"일곱 살 반이에요. 정확하게."

여기에도 42란 숫자가 숨어 있다면 믿겠는가? 앨리스의 나이는 7년 6개월이다. 7×6의 값은 42임을 간단하게 확인할 수 있다. 이렇게 42라는 숫자는 작품 이곳저곳에 숨겨져 있다. 갑자기 다시 책을 읽어보고 싶단 생각이 들지 않는가. 다시 보면 42를 찾을 수 있을 것만 같아서 말이다.

《이상한 나라의 앨리스》와 《거울 나라의 앨리스》속에 이렇게 수학과 관련된 비밀이 숨어 있었다는 사실을 알았는가? 수학 교수였던 루이스 캐럴의 천재성은 아직 완전히 드러나지 않았을지도 모른다. 오랜만에 그의 작품을 한 번 더 읽으며 아름다운 삽화와 흥미로운 스토리에만 집중할 것이 아니라 비밀스럽게 숨어 있는 수학 트릭을 찾아보는 것은 어떨까?

42 스포츠에 숨어 있는 수학의 비밀

페널티킥의 비밀

축구는 굉장히 흥미진진한 경기다. 그중에서도 선수는 물론이요, 관중들까지도 가장 긴장하는 순간을 꼽으라면 페널티킥을 찰 때일 것이다. 짧은 순간이지만 경기의 승패가 걸려 있기에 더욱 그러하다.

네덜란드 암스테르담 대학교의 연구진들은 페널티킥의 순간을 분석해 통계학적으로 흥미로운 결과를 내놓았다. 경기에서 지고 있는 팀의 골키퍼가 이기고 있는 팀의 골키퍼보다 더욱 긴장하는 경우가 많으며, 이때 오른쪽으로 몸을 던질 확률이 두 배나 더 높다는 것이다. 반면 공을 차는 선수들은 방향에 상관없이 동일한 확률로 공을 차는 결과가 나왔다고 한다.

일반적인 상식으로는 알 수 없는 사실이지만 통계학적으로 접근해 분석해본 결과 이러한 흥미로운 사실이 발견된 것이다. 이 연구 결과는 지고 있는 팀을 상대로 페널티킥을 차는 키커들이 골키퍼의 왼쪽으로 슛을 날리면 보다 높은 성공률을 가져갈 수 있다는 것을 보여준다.

스로인 각도와 공이 날아가는 거리의 비밀

축구 경기 중 공이 터치라인 밖으로 나가면 선수들은 게임 재개를 위해 축구공을 다시 경기장 안으로 던져 넣는 스로인throw-in을 한다. 공을 던지는 선수는 자기 팀 선수에게 공이 좀 더 정확하게 갈 수 있도록 유리하게 공을 던져야 한다. 이때 간혹 멀리 있는 선수에게 공을 전달해야 하는 상황이 생긴다. 그렇다면 어떻게 공을 던져야 더 멀리 공을 보낼 수 있을까? 단순히 힘껏 던지면 되는 걸까?

공은 인간의 손에서 던져지는 순간 포물선을 그리며 날아간다. 기존의 수학적인 계산 결과에 따르면 포물선 운동을 하는 물체는 처음에 45도 각도로 던져졌을 때 가장 멀리 날아갈 수 있다고 알려져 있다. 그러나 한 연구진이 조사한 결과에 따르면 기존의 개념과는 달리 30도 각도로 스로인을 했을 때 공이 가장 멀리 날아갈 수 있다고 한다. 인체의 근육, 골격 등 우리 몸의 구조로 인한 종합적인 요소들을 고려했을 때, 낮은 각도로 공을 스로인해야 더 빠른 속도로 날아간다는 것이다. 그리고 이에 따른 최적의 각도가 30도라는 말이다.

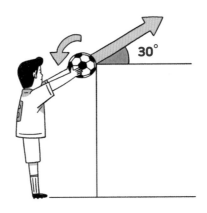

오일러의 다면체 정리와 축구공의 비밀

축구공은 둥글다. 그러나 축구공은 다면체다. 무슨 말인지 모르겠다고? 축구공은 그저 단순한 구체가 아닌 다면체로 이루어진 공이라는 이야기다. 그럼 다면체가 정확하게 무엇을 뜻하는 것인지, 왜 축구공이 단순한 구체가 아닌 다면체라는 것인지 알아보자.

'다면체'는 수학자들에게 있어 오랜 시간 큰 관심거리였다. 다면체란

'여러 가지 평평한 면들로 이루어진 입체도형'을 뜻한다. 우리가 흔히 접하는 정사면체, 정육면체, 삼각기둥, 사각기둥 등 이 모든 것들이 다면체의 일종이다. 각 면들은 직선으로 둘러싸여 있으며 중간에 반지나 도넛처럼 뚫린 부분이 존재해서는 안 된다. 이는 다면체로 불릴 수 없다. 면으로 이루어진 다면체는 각 '면'들과 두 면이 만날 때 생기는 '모서리', 그리고 세 면이 만날 때 생기는 '꼭짓점'으로 이루어져 있다. 이들 각 구성 성분의 개수를 영어 단어의 첫 글자에서 따온 F(Face, 면), E(Edge, 모서리), V(Vertex, 꼭짓점)로 나타낸다면, 모든 다면체에서 다음과 같은 공식이 성립한다.

$$V - E + F = 2$$

이를 '오일러의 다면체 정리'라고 한다. 가장 쉬운 예시인 정육면체를 가지고 생각해보자. 정육면체는 6개의 면과 12개의 모서리, 그리고 8개의 꼭짓점을 가지고 있다. 여기에 오일러의 다면체 정리를 대입해보면 8 - 12 + 6 = 2라는 결론이 나오므로 성립을 확인할 수 있다.

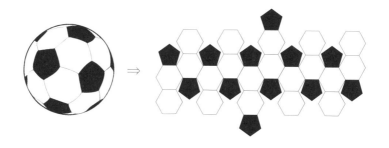

축구공이 다면체라는 것 역시 이 공식으로 확인할 수 있다. 축구공은 12개의 정오각형과 20개의 정육각형으로 이루어져 있다. 총 32개의 면과 90개의 모서리, 60개의 꼭짓점을 갖고 있으므로 공식을 대입해 보면 60 - 90 + 32 = 2가 성립한다. 그렇다. 일반적으로 공은 동그란 구체로 생각하기 쉽지만 축구공처럼 다면체인 공도 있다는 사실을 기억하자.

축구가 인기 있는 이유

축구는 미국을 제외한 대부분의 나라에서 엄청난 사랑을 받는 스포츠다. 우리나라만 해도 월드컵 시즌만 되면 전 국민이 열광하지 않던가. 대체 무엇 때문에 축구는 다른 스포츠에 비해 열정적인 관심을 받는 것일까?

미국 에너지부에 소속된 로스 앨러모스 국립연구소 연구팀은 이러한 이유를 수학적으로 규명하고자 했다. 연구팀은 영국의 프리미어 리그와 미국의 농구, 미식축구, 하키, 야구 리그의 최근 경기들을 분석해 축구와 다른 스포츠의 차이점을 산출해냈다. 그들이 정리한 연구 결과는 바로 '예측 불가능성'의 차이였다.

스포츠는 다양한 방식으로 우리에게 재미를 선사한다. 축구를 선호하는 누군가는 특정 선수의 플레이 방식이 마음에 들어 축구를 좋아하고, 야구를 선호하는 또 다른 누군가는 평소 친구들과 야구를 즐겨하기 때문에 좋아하기도 한다. 그러나 누구나 공감하는 스포츠의 가장 큰 재미는 바로 '승패를 예측하기 어렵다'는 흥미진진함이다. 축구는 바로 이 승부의 예측, 특히나 상대적으로 실력이 약한 팀이 강팀을 이길 확률이 45%나 되는 것으로 조사됐다. 다른 스포츠에 비해 월등히 높은 예측 불가능성이 축구에 인기를 불어 넣어준 것이다.

루마니아 축구팀 등번호의 비밀

루마니아의 국가대표 축구팀은 2016년에 있었던 스페인과의 친선경기에서 흥미로운 시도를 했다. 다름 아닌 선수들의 유니폼에 기존의 등번호가 아닌 새로운 수학 공식을 기입한 것이다. 간단한 사칙연산으로 선수의 등번호를 표시한 것은 사람들의 눈길을 끌기에 충분했다. 루마니아는 왜 이런 신기한 등번호를 달고 나왔을까?

그 이유는 루마니아 학생들의 높은 자퇴율에 있다. 유니세프의 조사에 따르면 루마니아 국민의 95%는 고등학교에 진학하지 않으며, 전체 학생의 20%가 중간에 학업을 그만둔다고 한다. 학생들은 특히 수학 공부를 기피한다고 하는데, 상황의 심각함을 깨달은 루마니아 정부는 학생들이 공부에 관심을 갖게 할 캠페인을 시작했다. 그중 하나가 바로 학생들에게 인기가 많은 축구선수들의 유니폼 등번호에 수학공식을 넣는 것이다. 자신이 좋아하는 선수의 등번호를 알기 위해서는 사칙연산을 계산해야 한다. 그뿐 아니라 선수들의 득점 상황이나 경기의 승패 여부를 활용한 문제를 풀도록 하면서 자연스럽게 수학 공부를 하도록 만들었다. 루마니아의 이러한 기행은 스포츠와 학업 모두가 학생의 성장에 중요한 역할을 한다는 것을 알리기 위한 의미 있는 시도였다.

점프슛 성공의 비밀

철썩! 하는 소리와 함께 농구공이 림 안을 통과한다. 농구 선수들의 슛은 완벽함을 넘어 아름답기까지 하다. 특히나 점프슛이 그리는 포물

선과 공이 림까지 날아가는 몇 초의 시간, 그리고 림을 통과하는 그물 소리는 사람들이 환호를 지르기에 충분한 농구의 묘미다. 선수들이 점프슛을 성공률을 높이기 위해 가장 신경 써야 할 것은 무엇일까? 점프력? 손목의 힘? 가장 중요한 것은 바로 '각도'다.

점프슛은 덩크슛처럼 직접 공을 넣는 방식이 아니다. 때문에 공이 최대한 림의 중앙에 가도록 던져야 한다. 이때 림의 지름과 공이 이루는 각도에 따라 슛의 성공률이 달라진다.

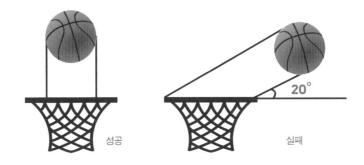

성공　　　　　　　　　　　　실패

가장 부드럽게 골을 성공시킬 수 있는 각도는 지름의 길이가 45cm인 림과 지름의 길이가 24cm인 농구공의 각도가 90도를 이룰 때다. 공과 림이 이루는 각도가 30도보다 작으면 슛은 성공하지 못하고 튕겨나온다. 따라서 완벽한 슛이 나오기 위해서는 90도에 가까운 각으로 슛을 해야 한다. 이를 위한 슛 각도는 45도다. 잊지 말고 친구들과의 농구 게임이 있다면 45도의 각도로 공을 던져보자.

43 전쟁과 수학

+ × ÷ − − + × + × ÷ − − + × ÷

에니그마, 전쟁을 키우다

인류의 역사 속에서 발생한 전쟁 이야기를 마주하다 보면 수많은 아픔과 상실을 경험하게 된다. 그럼에도 우리가 전쟁의 역사를 공부하는 것은 다시는 같은 비극을 경험하지 않기 위해서다. 전쟁의 역사를 살펴보면 다양한 메시지를 얻을 수 있다. 특히 전쟁이 과학과 깊은 연관이 있으며 과학은 다시 수학과 깊이 관련되어 있음을 알게 된다. 과학의 진보는 곧 군사력과 직결된다. 일상용품에 적용된 기술의 상당 부분이 전쟁을 위해 개발된 뒤 우리의 생활에 적용되었다는 것은 이미 널리 알려진 사실이다.

전쟁을 위해 개발된 기술 중 에니그마Enigma라는 암호 기계처럼 큰 역할을 한 것도 없을 것이다. 영화 〈이미테이션 게임〉을 본 사람에게

에니그마

는 매우 친숙한 기계일 것이다. 영국의 천재 수학자 앨런 튜링Alan Turing의 이야기를 담은 이 영화에 등장하는 에니그마는 독일어로 수수께끼라는 뜻을 가진 단어로 암호 기계의 한 종류다. 암호의 작성과 해독을 하며 보안성에 따라 여러 모델이 있다.

에니그마는 제1차 세계대전 이후 1918년 독일의 엔지니어 아르투어 세르비우스Arthur Scherbius가 발명했다. 본래 상업적 교신을 위해 만들었으나 제2차 세계대전 중 독일군이 군사 기밀을 암호화하는 데 사용한 것으로 더 유명하다. 당시 가장 강력한 기계식 암호화 기법이던 에니그마는 평이한 문장을 이해할 수 없는 글자 배열로 바꿔 무려 2,200만 개의 암호 조합을 만들어냈다. 덕분에 독일군은 다양한 지령을 전달할 수 있었고 전쟁에서 유리한 위치를 차지했다. 영국을 비롯한 연합국은 독일과의 전쟁뿐 아니라 에니그마가 암호화한 메시지를 해독하는 데 엄청난 시간과 노력을 들여야 했다. 그토록 강력한 암호화를 자랑했던 에니그마의 작동 원리는 과연 무엇일까?

에니그마의 작동 원리는 바로 회전자다. 이를 테면 HELLO를 입력할 때 H, E, L, L, O가 다른 알파벳과 대응하여 문장을 받는 쪽의 기계에서는 다른 단어로 출력되는 것이다. 게다가 에니그마는 하나의 알파벳이 특정 문자로만 바뀌지 않고 계속해서 다른 코드를 생성해내며 출력되는 문자도 바뀌었다. 처음에 H를 입력했을 때 A가 출력됐다면 다음에 H를 입력했을 때는 D로, 또 그다음 입력에서는 F로 계속 바뀌어 출력되는 것이다. 여기에 회전자의 원리가 존재한다. 에니그마에는 3개의 회전자가 있는데(훗날 독일군은 보안성을 높이기 위해 이를 5개까지 늘렸다) 회전자를 돌리면 26개의 알파벳이 새겨진 원판도 돌아간다. 또한 타자를 한 번씩 누를 때마다 가장 오른쪽의 회전자가 하나씩 돌아간다. 이 회전자가 26개의 알파벳 수 만큼인 한 바퀴를 다 돌면 그다음에는 가운데 회전자가 타자를 한 번씩 누를 때마다 하나씩 돌아간다. 이 회전자도 한 바퀴를 모두 돌면 가장 왼쪽 회전자가 하나씩 돌아가기 시작한다.

세 개의 회전자는 서로 자리를 바꿀 수도 있으며 키보드 아래에 위치한 플러그 보드는 키보드와 내부를 연결해주면서 혼합을 만들어낸다. 즉 플러그 보드의 연결을 바꾸면 출력되는 값도 바뀌는 것이다. 이를 통해 가능한 조합의 수를 더 늘려주고 절대로 똑같은 글자로 암호화되지 않게 만들어준다. 또한 반사판이 임의의 두 글자를 교환시켜 어떤 글자를 입력해도 같은 글자로 암호화되지 않도록 한다.

독일군은 매달 에니그마의 설정이 날짜별로 적혀 있는 책을 만들어 배포했다. 이 책은 불에 잘 타고 물에 넣기만 해도 잘 지워지게 만들었기 때문에 보안을 유지하는 데 매우 효과적이었다. 독일군은 책에 나온 대로 매일 설정을 바꾸었다.

책에는 회전자 설정과 회전자의 플러그 보드 위치 설정 같은 것들이 적혀 있었다. 예를 들어 다음과 같은 방식으로 적혀 있다고 하자.

1935년 5월 6일

1, 3, 2

L, D, H

(GQ), (FC), (MX)

이는 1935년 5월 6일에는 회전자를 1번, 3번, 2번의 순서로 맞춰놓고 첫 시작을 L, D, H로 하라는 뜻이다. 마지막 줄은 플러그 보드의 설정으로 G와 Q, F와 C, M과 X를 케이블로 연결하라는 의미다. 여기에 암호를 보내는 쪽에서 자신만의 설정 암호를 전달하기까지 했다. 즉 암호를 받은 상대는 책 속의 설정을 적용한 다음 상대로부터 받은 설정 암호까지 풀어야 메시지의 진짜 의미를 파악할 수 있는 것이다.

이토록 복잡하고 어려운 방식으로 남다른 보안을 자랑하던 에니그마지만 결국에는 연합군에 의해 함락당하고 말았다. 대체 연합군은 어떤 방식을 사용한 것일까?

봄베, 전쟁을 멈추다

우선 가장 먼저 폴란드의 암호 해독가들이 에니그마의 암호 해독을 시도했다. 그들은 프랑스 식민지로부터 에니그마 사용 설명서와 자판의 변경법을 전달받았다. 이를 바탕으로 폴란드는 에니그마 해독에 열을 올렸다. 때마침 독일의 통신병들은 귀찮다는 이유로 초기 설정값을 재사용하면 안 된다는 규정을 어기고 여러 번 같은 설정값을 사용했다. 게다가 AAA처럼 쉬운 암호를 설정하기도 했다. 덕분에 폴란드는 마침내 에니그마 해독에 성공했다. 하지만 회전판을 조금이라도 회전하면 이전의 해독 방식은 모두 무효가 되는 치명적인 문제점으로 좀처럼 에니그마의 장벽을 넘지 못했다. 게다가 회전판이 5개로 늘어나면서 그동안의 노력이 모두 수포로 돌아갔다.

결국 폴란드의 암호 해독가들은 에니그마의 자료를 다시 프랑스 식민지에 돌려줄 수밖에 없었다. 그 자료는 영국으로 넘어갔다. 영국 정부는 런던에서 조금 떨어진 블레츨리 파크라는 작은 도시의 고택에 독일군의 암호를 해독하는 작전 본부를 세웠다. 수학자 앨런 튜링은 여기에서 핵심적인 역할을 했다. 앨런 튜링을 필두로 하는 이

봄베

암호 해독팀은 1939년 9월, 암호 해독을 자동화할 수 있는 전기기계식 계산기인 봄베Bombe를 설계하기에 이른다.

튜링은 봄베가 특정 조합이 아닌 임의의 평범한 문장을 바탕으로 자동 해독을 수행할 수 있도록 만들었다. 그리고 회전판 순서와 회전판의 초기 설정, 그리고 플러그 보드의 설정에 따른 1만 7,576가지의 모든 가능성을 시험해보고 논리적으로 불가능한 조합을 제거하는 방식으로 작동되었다. 먼저 암호 해독가가 예상 문장과 그에 해당하는 암호문을 입력하고 봄베를 작동시키면 봄베는 모든 가능성에 대해 36개의 작은 에니그마를 작동시켜 바로 설정값을 알 수 있게끔 답을 내놓았다. 다만 모든 가능성을 다 계산하기에는 경우의 수가 너무 많았으므

로 튜링은 여기에 한 가지 가정을 더 추가했다. 에니그마의 가장 큰 특성 중 하나였던 한 번 생성된 암호 코드는 같은 글자로 또다시 암호화되지 않는다는 것이다. 덕분에 봄베는 계산해야 할 경우의 수를 크게 줄일 수 있었다.

이러한 조건으로 봄베는 24시간 가동되면서 에니그마끼리 주고받는 신호에서 자주 등장하는 철자의 조합을 뽑아냈다. 독일의 암호병들은 자주 사용하는 메시지를 반복해 사용함으로써 연합군에게 도움을 주었다. 암호문마다 들어가 있는 Heil Hitler(히틀러 만세), 또는 Keine besonderen Ereignisse(보고할 것 없음, 이상 무) 등 자주 사용되는 문구들은 암호 해독에 많은 도움을 주었다. 또한 군사 작전의 경우 부대명이나 작전 지시 등 한정된 용어로 소통하기 때문에 에니그마 회전자의 조합을 알아낼 수 있는 확률이 높았다.

독일군은 숫자를 입력할 때도 알파벳으로 입력해서 보냈는데 튜링은 이를 알아내고 그때까지 해독되었던 메시지를 다시 살펴보는 것으로 암호문의 90%에 EIN(숫자 1)이 들어간다는 것을 알아냈다. 여기에 매일 독일군의 일기예보와 해독문을 비교해 그날의 암호 체계를 알아냈다. 봄베는 숱한 시행착오 끝에 1940년부터 본격적으로 암호를 해독하기 시작했다.

그동안 해독하지 못해 휴짓조각이나 다름없던 독일군의 암호가 튜링이 만든 봄베 덕분에 독일군의 작전 메시지를 포착하는 횟수가 점점 늘어났다. 그러던 중 끝내 핵심 정보를 포착하며 노르망디 상륙 작전에서 승리하는 데 가장 중요한 역할을 한 해상로를 확보하며 독일 격

파에 큰 역할을 했다. 실제로 학계에서는 튜링의 봄베가 에니그마를 해독한 덕분에 종전을 2년이나 앞당겼으며 1,400여만 명의 목숨을 구했다고 평가한다.

결국 전쟁을 키운 것은 에니그마라는 암호 기계였지만 전쟁을 잠식시킨 것 또한 봄베라는 암호 해독 기계였다. 암호에 숨어 있는 수학의 원리는 이처럼 너무도 상반된 모습을 하고 있다.

44 범죄와 수학

수학으로 범인을 찾을 수 있을까?

한동안 범죄 수사를 다룬 미국 드라마가 한참 인기를 끌더니 요즘은 국내에서도 범죄 수사를 다루는 드라마를 심심치 않게 볼 수 있다. 이번에는 '범죄'와 '수학'에 대해 이야기해보려 한다. 〈넘버스Numb3rs〉라는 미국 드라마는 어린 나이에 수학과 교수가 된 천재 주인공이 수학을 무기로 연쇄살인범이나 테러리스트 등 각종 범죄자들을 잡는 이야기다. 이 드라마에서 FBI 특수요원 돈 엡스와 그의 동생 찰리는 사건과 수학의 연관성에 대해 이야기하면서 언제나 의견이 충돌하곤 한다.

의견 차이는 드라마가 아니더라도 일상생활에서 종종 발생하곤 한다. 나의 경우 학생들에게 수학을 가르치다 보면 이런 질문을 받는다.

"수학은 왜 배우는 거예요? 나중에 학교 졸업하면 쓸 일도 별로 없

숫자는 거짓말을 하지 않는다

잖아요!"

　이처럼 수학이 현실과 동떨어진 학문이라고 생각하는 사람들이 많
다. 〈넘버스〉의 주인공 돈 엡스처럼 말이다. 하지만 수학은 분명 우리
현실에서 일어나는 수많은 현상과 문제에 영향을 미친다. 이미 우리
생활 속에 깊숙이 자리를 차지한 수많은 기계 장치들이 모두 수학적인
원리를 통해서 움직이고 있다는 사실을 아는가? 〈넘버스〉는 다양한
사건을 통해 수학이 우리 현실에 어떤 영향을 주고 있는지 사실적으로
보여준다.

　DNA 프로파일링에서 디지털 지문 검색, 흐릿한 CCTV 영상의 화질
개선, 인공지능 신경망을 이용한 안면 인식 시스템, 통화·구매 내역 같
은 자료에서 유용한 정보를 걸러내는 데이터 마이닝, 생물학적 공격이
나 전염병의 발생 징후를 조기에 포착해내는 변화 시점 탐지, 통신 감
청을 통해 비밀 범죄조직의 핵심 인물을 특정해내는 사회 연결망 분

석. 그리고 경찰, FBI, CIA가 범죄 수사에 실제로 활용하고 있는 주요 수사 기법까지… 이 드라마는 수학이 범죄 수사에 어떻게 사용되는지를 자세히 보여준다.

수학 없이는 못 잡아!

범죄 수사에서 가장 중요한 것은 범행 장소를 찾는 일이다. 다양한 범죄 드라마나 영화 속에서 '범죄자는 범행 장소에 다시 온다'라는 말을 들어본 적이 있을 것이다. 그리고 연쇄 살인범들은 늘 비슷한 패턴으로 비슷한 장소에서 범행을 저지른다. 하지만 막상 지도를 펼쳐보면 범행 장소가 여러 군데에 복잡하게 흩어져 있다는 걸 알 수 있다. 그것만 보고는 다음 범행이 어디서 일어날지 예측하기가 힘들다. 그렇다면 살인자가 사는 곳, '핫 존'을 알아낸다면 어떨까? 그것만으로도 범인을 잡는 데 큰 도움이 될 것이다.

〈넘버스〉 첫 화에서 엡스는 연쇄 강간범을 잡기 위해 이리저리 뛰어다니지만 단서가 부족해 좀처럼 범인을 좁히지 못한다. 우연히 형의 사건 기록을 본 찰리는 마당에서 돌아가는 스프링클러가 뿌리는 물방울의 패턴을 추적해 물이 어디서 나온 것인지 알아내듯 범인을 찾는 방법을 유추한다. 즉 범행 현장이 어떻게 분포되었는지 그 패턴을 이용해 범인의 행방을 예측하는 것이다. 이 방법으로 찰리는 범인을 잡는 데 큰 역할을 해낸다.

다양한 사건을 취재하고 탐사하는 프로그램인 〈그것이 알고 싶다〉는 우리에게 '프로파일러'의 존재와 역할에 대해 상세히 알려주었다. 스프링클러 사례에서 확인하듯 연쇄 범죄자가 사는 곳을 수학적 원리를 이용해 찾아내고 다음 범죄 장소를 파악하는 방식을 '지리적 프로파일링 기법'이라고 부른다. 그리고 인간의 심리를 이용해 범죄를 수사하는 방식은 '심리 프로파일링 기법'이다. 우리나라 범죄 수사에 프로파일링 기법이 사용된 것은 그리 오래되지 않았다. 하지만 오늘날에는 주요하게, 자주 사용되고 있다.

연쇄 범죄자는 범행 장소를 선택할 때 특정한 경향을 보인다. 항상 자신의 집과 멀지 않은 곳에서 주로 범행을 저지르지만 너무 가까운 곳에서 저지르지도 못한다. 의심을 받을까 봐 불안하기 때문이다. 일종의 안전지대, 완충지대를 두는 것이다. 이러한 지리적 프로파일링은 미국 텍사스 대학교 범죄학과의 킴 로스모Kim Rossmo 교수가 창안한 것이다. 로스모의 공식은 연쇄 범죄자가 정체를 드러내지 않으려고 무작위로 희생자를 고르는 것 같지만 범행에 반영된 지리적 패턴을 파악해 범인이 사는 핫존을 매우 높은 확률로 말해준다.

수학이 실생활, 특히 범죄 수사와 동떨어져 있지 않다는 것을 보여주는 예는 이외에도 얼마든지 있다. 1992년, LA에서는 유례 없는 폭동이 일어났다. 많은 사람들을 공포에 떨게 한 이 사건으로 인해 사람들은 TV를 통해 그동안 경험해보지 못한 끔찍한 사건을 목격하게 된다. 폭동에 나선 사람들이 트럭을 세워 운전자에게 집단 린치를 가하는 장면이 방송국 헬기를 통해 여과 없이 생중계된 것이다. 폭동이 끝나고 경찰은 수사에 들어갔지만 소형 카메라로 찍은 탓에 영상의 화질이 흐릿해 폭행범의 얼굴을 확인하는 데 어려움을 겪었다. 경찰은 범인을 잡기 위해 화질 개선 회사에 영상 분석을 의뢰했다. 이때 사용된 것이 바로 수학적 기법이다. 회사는 영상 속 폭행자 중 한 사람의 팔뚝에 새겨진 흐릿한 자국을 선명하게 복원했다. 그 결과 화면 속 남성의 팔에 장미 문신이 새겨져 있음을 알아냈고 덕분에 범인을 검거할 수 있었다.

CCTV 화면의 흐릿한 부분을 컴퓨터로 확대해 선명하게 만드는 '이미지 화질 개선' 기술은 CSI 등 다양한 범죄 수사 드라마를 통해 이미 우리에게 친숙하다. 그런데 이 기술이 바로 수학적 기법을 적용한 것이라는 사실을 아는 사람은 별로 없다. 이미지 화질 개선 기술은 포토샵 같은 프로그램으로 명암과 대비를 조절하는 단순한 방법이 아니라, 픽셀 하나하나의 색상 값을 찾고 경계를 인식하는 방식이다. 이를 위해 '전변동'이라는 여러 다항식과 함수, 미적분을 이용해 수치를 이미지로 재구성하는 복잡한 수학적 과정을 거쳐야 한다.

이러한 기술은 범인을 잡는 결정적 증거를 찾도록 도와주거나 기름 유출 탐지, MRI 영상을 통한 조직 이상 식별 등에 활용된다. 그 외에도 UFO 영상, 케네디 대통령 암살사건의 수수께끼 등을 풀어내기도 했다. 게다가 위조 사진 구별, 우리 눈에 보이지 않는 사진 속 숨은 진실을 되살려내는 작업도 가능하게 만들어준다.

뺑소니를 잡아라!

자정을 넘긴 어두운 밤, 도시의 한 길가에 경찰들이 나와 수사를 하고 있다. 택시 뺑소니 사건이 일어난 것이다. 다행히 목격자가 있었고,

그는 뺑소니 차량이 '노란색 택시'였다고 증언했다. 이 도시에 존재하는 택시는 모두 90대. 그중 노란색 택시가 15대, 초록색 택시가 75대다. 그렇다면 그의 증언대로 노란색 택시가 범인이 맞을까?

어둠 속에서 목격자가 제대로 보았는지 확인하기 위해 경찰은 동일한 시각 목격자에게 노란색 택시와 초록색 택시를 무작위로 보여주었다. 그러자 목격자는 택시 색깔을 5번 중 4번꼴로 맞췄다. 이런 경우 80% 정도의 확률로 노란색 택시가 범인일 거라 확신한다. 하지만 '베이즈 추론Bayes′ inference'은 다르게 말한다. 노란색 택시가 범인인 확률은 0.44, 즉 44%에 불과하다는 것이다. 왜 그런 걸까?

그 이유는 택시의 수에 있다. 이 도시에 있는 택시의 수로 봤을 때, 택시가 초록색일 가능성이 노란색일 가능성에 비해 5배나 높다는 '사전 확률'을 고려한 결과 때문이다. 이를 검증하기 위해 90대의 택시를 차례로 내보내 목격자에게 색깔을 맞춰보게 하면, 15대의 노란색 택시를 보았을 때 그가 맞출 확률은 80%이므로 12대는 노란색으로, 3대는 초록색으로 본다. 그리고 75대의 초록색 택시를 보았을 때 20%를 잘못 봤으니 15대는 노란색으로 60대는 초록색으로 본다. 결국 목격자는 총 27대를 노란색 택시로 보는 셈이다. 그중 실제로 노란색인 것은 12대에 불과하다. 뺑소니 차량이 실제로 노란색 택시일 확률은 27대 중 12대이므로 9분의 4인 것이다.

물론 인간의 판단과 평가는 상황에 따라 달라진다. 때문에 이 사례의 결과가 무조건 정확하다고 할 수는 없다. 하지만 이러한 상황에 베이즈 추론을 수차례 반복하면 수많은 목격담에 확률이 부여되고 확률

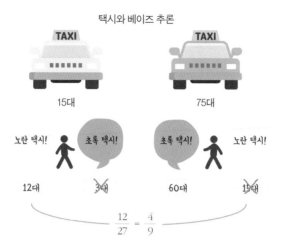

택시와 베이즈 추론

$$\frac{12}{27} = \frac{4}{9}$$

이 높을수록 그 목격담이 사실이 될 가능성도 조금씩 높아진다. 인간의 판단이 부정확하다는 사실을 극복해나가게 되는 것이다.

수학이 범죄 수사에 얼마나 큰 역할을 하는지 이 정도면 조금은 이해가 되었으리라 본다. 이제 드라마 속 주인공이 다양한 수사 기법을 펼칠 때마다 '아, 저건 수학적 기법을 이용한 거구나!' 하는 정도는 알아차릴 수 있을 것이다. 범죄를 척척 해결해나가는 경찰과 수사요원들, 그리고 탐정들까지… 멋있는 그들 뒤에는 수사를 해결하기 위한 수학자들의 노력도 숨어 있다는 사실을 함께 떠올리길 바란다. 그리고 수학이 이제는 우리 삶과 완전히 동떨어진 게 아니라는 사실도 말이다.

그래서 나는 수학을 왜 배워야 하느냐는 학생의 질문에 이렇게 답할 것이다.

"이렇게 수학은 우리 삶 곳곳에서 활용되고 있단다. 수학 덕분에 우리는 훨씬 윤택하고 편리하고 안전한 삶을 살 수 있는 거야."

베이즈 추론

베이지안 추론Bayesian inference이라고도 한다. 실험을 통해 추가 정보를 얻은 다음, 베이즈 정리를 사용하여 가설 확률을 업데이트하는 통계적 추론 방법이다. 데이터를 주어진 조건에 맞게 적응하도록 동적으로 분석할 때 주로 적용되며, 최근의 인공지능 분야에서는 사전 데이터로부터 배운 지식을 추가 데이터로 조건에 맞게 업데이트할 때 사용한다.

<u>45</u> 영화 속 수학 이야기

<마션>의 16진법

과학자 아버지와 전기 기술자 어머니 밑에서 자란 프로그래머 앤디 위어Andy Weir는 2009년 자신의 블로그에 첫 장편소설 《마션》을 연재했다. 이미 다양한 단편소설을 블로그에 올리며 많은 애독자를 확보한 덕분에 큰 인기를 얻었고 2014년 정식으로 출간되었다. 책은 얼마 지나지 않아 영화로 만들어졌다.

영화는 식물학자인 마크 와트니가 화성에 홀로 남겨지면서 자신의 지식을 총동원해 살아남는 이야기를 그리고 있다. 특히 산소도 희박하고 물도 없는 화성에서 감자

를 재배하는 모습은 눈물이 날 정도로 감동적이라는 평가를 받았다.

원작 소설이 과학적인 근거에 충실히 기반한 덕분에 영화 〈마션〉
은 실제 우주탐사와 관련한 지식이 매우 풍부하다. 그중에서도 가장
눈에 띄는 부분은 와트니가 지구와 교신하기 위해 고안한 코드인 아스
키코드ASCII CODE 라고 하겠다.

긴 기다림과 외로움에 지친 와트니는 카메라가 360도 회전 가능하
다는 것을 이용해 동료의 짐을 뒤진다. 그리고 아스키코드표를 찾아낸
다. 와트니는 이를 16진법으로 변환하여 패스파인더 주변에 16진수가
적힌 팻말을 원형으로 둘러 박고 카메라가 이를 가리키는 방식을 고안
해내 지구와 교신한다.

영화 〈마션〉 속 패스파인더

아스키코드는 미국 표준 정보 교환 코드로, 0부터 127까지 128개의
코드로 구성된다. 아스키코드는 7비트로 구성되어 많은 종류의 문자
를 나타낼 수 있으며, 데이터를 전송할 때 발생할 수 있는 오류를 점검
할 수 있어 대부분의 컴퓨터에서 널리 사용되는 코드다. 여기서 비트

는 0이나 1의 값을 가질 수 있는 정보 단위를 뜻한다.

우리가 일상생활에서 사용하는 수는 10진법이다. 10진법은 고대 이집트 문명에서 만들어진 것으로 가장 많이 쓰이는 코드법이다. 이것은 인간의 손가락이 10개인 것과 밀접한 관련이 있다. 한 자릿수로 0, 1, 2, 3, 4, 5, 6, 7, 8, 9를 쓰며 10이 넘어가면서 자릿수가 하나 늘어난다. 우리의 수가 일, 십, 백, 천, 만으로 단위가 커지는 것이나 야구 타율의 할, 푼, 리는 모두 10진법에 따른 것이다. 미터, 킬로미터 등 많은 단위들 역시 10진법에 기반해 만들어졌다.

그러나 인류의 모든 문명이 10진법만을 사용한 것은 아니다. 마야 문명은 20진법을 사용했으며, 바빌로니아 문명은 60진법을 썼다.

〈마션〉에서 와트니가 사용한 16진법은 16을 밑으로 하는 방법이다. 0에서 15까지가 한 자릿수이므로 0에서 9까지의 수는 10진법과 공통의 수를 사용한다. 그리고 10진법의 수 10부터 15까지의 숫자에 해당하는 16진수를 알파벳 A에서 F까지의 문자로 사용했다. 즉 A는 10이고 B는 11이다(이때 대소문자는 구별하지 않는다).

어떻게 살아 있는가?

아스키코드는 영어의 모든 글자나 문장 부호, 특수문자, 공백까지 숫자로 표현한 규칙 중 가장 오랫동안 사용된 것이다. 아스키는 '정보 교환을 위한 미국 표준 부호American Standard Code for Information Interchange' 의 약자다.

〈마션〉에서 와트니는 자신의 생각을 16진수로 바꿀 때 아스키코드

표를 사용했다. 가령 '살아 있다'라는 뜻의 ALIVE는 아스키코드로는
41 4C 49 56 45라는 숫자로 표현할 수 있다.

아스키코드

10진수	16진수	문자	10진수	16진수	문자	10진수	16진수	문자
0	0	NULL	70	46	F	82	52	R
⋮	⋮	⋮	71	47	G	83	53	S
60	3C	〈	72	48	H	84	54	T
61	3D	=	73	49	I	85	55	U
62	3E	〉	74	4A	J	86	56	V
63	3F	?	75	4B	K	87	57	W
64	40	@	76	4C	L	88	58	X
65	41	A	77	4D	M	89	59	Y
66	42	B	78	4E	N	90	5A	Z
67	43	C	79	4F	O	⋮	⋮	⋮
68	44	D	80	50	P	127	7F	DEL
69	45	E	81	51	Q			

영화에서 생존을 알린 와트니의 메시지를 받은 NASA는 그에게 48
4F 57 41 4C 49 56 45라는 메시지를 보낸다. 와트니는 NASA로부터 받
은 문자를 아스키코드표를 보며 해석한다. 48은 H, 4F는 O, 57은 W,
41은 A, 4C는 L, 49는 I, 56은 V, 45는 E. 이를 연결하면 HOWALIVE,
즉 HOW ALIVE(어떻게 살아 있는가)로 그 의미를 해석할 수 있다.

48   4F   57   41   4C   49   56   45

H   O   W   A   L   I   V   E

이제 여러분도 아스키코드를 알게 되었으니 〈마션〉 속 주인공처럼 다음 메시지를 해석해보길 바란다.

4C 4F 56 45 59 4F 55 52 53 45 4C 46

46 신기술과 수학

컴퓨터의 적, 랜섬웨어 속 수학

인간의 편의를 위해 개발된 수많은 발명품과 신기술. 그러나 인간을 위해 탄생한 기술이나 물건이 도리어 인간을 위협하는 경우도 많다. 도로 건설이나 공사에 사용하기 위해 만든 노벨의 다이너마이트가 전쟁에 사용되어 엄청난 사람의 목숨을 빼앗은 것처럼, 인간이 만든 물건 가운데는 부작용이 따르는 것도 존재한다.

4차 산업혁명에 의해 다양한 신기술들이 개발되었다. 물론 대부분의 기술이 유익하게 사용되고 있지만 본래 의도와 다르게 새로운 기술을 이용해 다른 사람에게 피해를 주는 경우도 생겨나고 있다. 최근 컴퓨터의 데이터를 암호화하는 악성 코드를 심는 랜섬웨어를 비롯해 우리에게 부작용을 가져다준 신기술과 그 속에 숨어 있는 수학의 원리

랜섬웨어에 걸린 컴퓨터

를 알아보자.

랜섬웨어Ransomeware는 몸값을 뜻하는 랜섬Ransom과 소프트웨어 Software의 합성어다. 랜섬웨어는 컴퓨터 데이터를 못 쓰게 만들어버리는 바이러스와는 다르다. 컴퓨터에 파일을 전부 암호화하는 악성 소프트웨어를 심은 뒤 암호를 풀어주는 대가로 돈을 요구하는 것이다. 컴퓨터에 중요한 자료가 없다면 그냥 포맷시켜버리면 그만이지만 만약 중요한 계약서나 작성 중인 문서가 있다면 이는 심각한 문제가 된다. 현재의 기술로는 랜섬웨어에 걸린 컴퓨터의 암호화를 풀 수 있는 기술이 없다. 따라서 컴퓨터 전문가를 불러도 쉽게 해결할 수 없으며 결국 요구하는 대가를 지불하는 수밖에 없다. 이처럼 부당한 기술인 랜섬웨어에 관해 좀 더 자세히 알아보기 위해서는 먼저 RSA 암호 체계를 이해해야 한다.

RSA는 미국 MIT 수학자들인 리베스트Rivest와 샤미르Shamir, 그리고 에이들먼Adleman의 이름 앞글자를 딴 것이다. 이들은 획기적인 암호화 방법을 고안해냈다. RSA는 현재 금융 거래 등 암호화가 필요한 많은 분야에서 사용되고 있다. 이 암호 체계는 매우 강력하지만 원리는 매우 간단하다.

학창 시절에 소인수분해를 배웠을 것이다. 하나의 수가 주어졌을 때 그 수가 어떤 소수들의 곱으로 표현될 수 있는지 알아내는 과정이 소인수분해다. 학창 시절도 떠올릴 겸, 56을 소인수분해 해보자.

$$56 = 2 \times 2 \times 2 \times 7$$

이렇게 간단하게 해결할 수 있다. 그러나 만약 아래의 수와 같은 경우를 소인수분해하려 한다면 일이 커진다.

114,381,625,757,888,867,669,235,779,976,146,612,010,218,296,721,242,362,5
62,561,842,935,706,935,245,733,897,830,597,123,563,958,705,058,989,075,14
7,599,290,026,879,543,541

보통 소인수분해를 할 때는 2, 3, 5 등의 작은 소수들로 주어진 수를 반복해서 나누어 수의 크기를 줄이는 방법을 사용한다. 하지만 위와 같은 수는 이런 방식으로 소인수분해를 할 수 없다. 우선 129자리나 되는 큰 수이기도 하지만 단순히 자릿수만 큰 것이 아니라 2개의 소수의 곱으로 표현된 수이기 때문이다.

3,490,529,510,847,650,949,147,849,619,903,898,133,417,764,638,493,387,843,
990,820,577

32,769,132,993,266,709,549,961,988,190,834,461,413,177,642,967,992,942,53
9,798,288,533

이 두 수의 곱으로 만들어진 수인 114,38… 은 실제로 RSA 개발자
인 세 사람이 현상금을 걸고 풀잇법을 공모한 문제다. 그리고 17년간
1,600대의 컴퓨터가 공동으로 연산을 진행한 끝에야 해결이 되었다.
실로 대단한 성능의 암호화 체계가 아닐 수 없다. RSA 암호체계는 이
처럼 두 수의 단순한 곱하기를 이용해 강력한 암호체계를 만들어낸다
는 장점을 갖고 있기에 널리 사용되고 있는 것이다.

위의 암호화 체계는 129자리의 수가 쓰였기에 RSA-129라고 불리고
있다. 하지만 현대에서 쓰이는 암호화 체계는 좀 더 복잡하다. 현재 우
리는 RSA-2048이라고 이름 지어진 암호화 체계를 사용하고 있다. 그
러나 이름과 달리 2048자리의 수를 사용하진 않고 617자리의 수를 사
용하고 있다.

2519590847565789349402718324004839857142928212620403202777713783604366202070759555626401852588078440691829064124951508218929855914917618450280848910072844992687392807287776735971418347270261896375014971824691165077613379859095700097330459748808428401797429100642458691817195118746121515172654632282216869987549182422433637259085141865462043576798423387184774447920739934236584823842811981638150106748104516603773060526016196762561338441436038339044149526344321901146575444541784240209246165157233507787077498171257724679629263863563732899121548314381678998850404453640235273819513786365643912
1

위의 숫자는 RSA-2048의 한 예시다. 아직 이 수가 어느 두 수의 곱인지는 알려지지 않았다. 이 암호체계를 풀기 위해선 슈퍼컴퓨터를 동원해도 수천에서 수만 년이 걸릴 계산이 필요하다. 그러니 이 보안 형식이 얼마나 단단한 것인지를 짐작할 수 있으리라.

랜섬웨어 중 하나로 알려진 크립토락커Cryptolocker는 이 방식을 사용해 파일들을 암호화한다. 때문에 컴퓨터 전문가가 아니라 빌 게이츠가 오더라도 사실상 암호화를 해제하는 것은 불가능하다. 좋은 일을 위해 만들어진 암호화 체계라도 나쁜 의도를 가진 사람이 다른 사람에게 피해를 주는 데 사용할 수 있으니 양날의 검이라 하겠다. 한쪽에서는 내가 가진 파일의 보안을 위해 쓰이는 코드가 누군가의 손에서는 내 보안을 인질 삼아 돈을 갈취해가는 용도로 쓰이니까. RSA 개발자들이 이를 알게 된다면 통탄할지도 모르겠다.

랜섬웨어, 가상화폐로 이어지다

랜섬웨어가 널리 퍼진 데에는 가상화폐가 크게 한몫했다. 과거에는 해커들이 피해자의 컴퓨터를 인질 삼아 돈을 요구할 수 없었다. 아무리 신중에 신중을 기하더라도 돈을 계좌로 입금받은 흔적이 남는다면 법적 처벌을 피할 수 없기 때문이었다. 그러나 은행과 같은 중개자 없이 직거래를 가능하게 해주는 기술인 블록체인의 개발과 비트코인Bitcoin 같은 가상화폐가 등장하면서 해커들은 당당히 몸값을 요구할 수 있게 되었다.

가상화폐는 가상계좌를 사용해 인터넷상으로 거래하기에 누가 실제로 거래하고 있는지 찾기 어렵다. 이러한 가상화폐의 속성을 이용한 해커들이 몸값을 요구하기 시작하면서 랜섬웨어 문제가 더욱 심각해졌다. 게다가 원하는 돈을 입금받고도 암호화를 해제해주지 않는 해커도 있다. 한 번 랜섬웨어에 감염되면 해커들이 반복해서 해킹을 시도하는 경우도 많으므로 사전에 대비할 필요가 있다. 의심스러운 파일은 절대 다운로드하거나 실행시키지 말고, 수상한 이메일 역시 가급적 열지 말고 그대로 삭제할 것을 권장한다. RSA와 블록체인은 좋은 의도로 개발된 혁명적인 신기술이지만 악용되면 우리가 가진 것들을 위협할 수 있다는 사실을 잊지 말자.

+ × ÷ − − + × + × ÷ − − + × ÷

<u>47</u> 스티브 잡스를 만든 수학

+ × ÷ − − + × + × ÷ − − + × ÷

<토이 스토리>, 스티브 잡스를 살리다

스티브 잡스를 모르는 사람은 없을 것이다. 21세기를 살아가는 사람들에게 스티브 잡스가 가져다준 혁명의 위대함은 생활 곳곳에서 느낄 수 있다. 그는 아이폰, 아이패드를 만들어내 젊은이들의 삶을 뒤바꾸었고, <토이 스토리> 시리즈와 <몬스터 주식회사> 등 새로운 3D 애니메이션을 만들어 세상에 없던 새로운 문화 콘텐츠를 사람들에게 안겨주었다. 그는 늘 세상을 놀라게 할 혁신적인 것을 만들어내기 위해 끊임없이 고민하고 과감하게 시도했다. 그리고 결국 그는 우리 삶을 바꿔놓았다.

2011년 그가 세상을 떠나자 그에 관한 수많은 평전과 영화가 만들어졌다. 덕분에 지금껏 성공한 CEO, 거침없는 혁신가로만 알려졌던 잡

스의 삶에 깊이 들어가 볼 수 있
게 되었다.

잡스가 전 세계를 놀라게 한
천재 사업가였던 것은 분명한 사
실이지만 그에게 시련이 없었던 것은 아니다. 애플을 설립한 그는 승
승장구했지만 1986년 경영권 분쟁에 휘말리면서 스스로 만든 회사에
서 쫓겨나고 말았다. 우울감, 외로움, 배신감으로 힘겨워했지만 잡스
는 주저하지 않았다. 애니메이션 영화 스튜디오인 '픽사Pixar'를 인수해
〈토이 스토리〉를 만들었다. 이 영화는 놀라운 흥행을 기록했고 잡스
는 3억 6,200만 달러라는 놀라운 수익을 올린 동시에 자신이 만든 애
플의 CEO로 화려하게 복귀했다. 〈토이 스토리〉가 위기에 빠진 잡스
를 살려준 것이다.

그런데 〈토이 스토리〉를 만드는 과정에서 잡스가 수학자들과 손을
잡았다는 사실을 아는가? 애니메이션을 만드는 데 왜 수학자가 필요한
지 궁금할 것이다. 당시 기술로는 애니메이션을 그릴 때 같은 그림이라
도 크기가 다르면 일일이 새로 그려야 했다. 작은 그림을 확대하면 이미
지가 울퉁불퉁하게 보이는 '계단 현상'이 나타났기 때문이다. 이 문제를
극복하기 위해 잡스는 수학자들을 불러들였고 그들은 머리를 모았다.

그 결과 전통적인 애니메이션 제작 기법 대신 수학에 기반을 둔 컴
퓨터 그래픽 기술을 개발했다. 지금 우리가 흔히 말하는 CG 기술이
그것이다. 이 기술은 같은 그림을 여러 번 그리지 않아도 크기를 마음
대로 조절할 수 있게 해주었다. 지금은 우리나라 영화에서도 CG 기술

을 자주 볼 수 있다. 특히 수많은 사람들이 등장하는 〈명량〉의 전쟁 장면이나 〈군함도〉에서 바다를 건너 탈출하는 장면은 CG라는 것을 믿을 수 없을 정도로 정교하고 실제에 가깝다.

그렇다면 잡스가 고용한 수학자들은 어떻게 CG 기술을 만들어냈을까? 먼저 기하학을 이용해 작가들이 그린 작은 그림을 수식으로 변환했다. 그다음 미분 공식을 사용했는데, 그림을 수식으로 변환하여 미분하면 인물이나 배경 그림을 확대하더라도 선이 끊어진 부분이 어떻게 이어질지 정확하게 계산할 수 있다. 때문에 울퉁불퉁하게 보이거나 선이 연결되지 못한 계단 현상을 해결하고 선명하고 반듯한 그림을 만들 수 있다.

〈토이 스토리〉는 이러한 수학자들의 기술을 통해 그동안 해오던 방식에서 완전히 탈피한 애니메이션을 만들어냈다. 많은 시간과 비용을 줄였음에도 기존의 애니메이션과 비교했을 때 더욱 생생하고 선명한 이미지를 보여준 것이다. 늘 새로운 시도를 고민하던 잡스는 수학 공식 하나로 애니메이션 제작의 고질적인 문제를 해결하고 새로운 혁명을 불러일으켰다.

잡스의 놀라운 성과를 목격한 디즈니는 픽사를 인수했다. 당시 디즈니는 잡스가 수학 공식을 활용해 애니메이션 제작에서 큰 성과를 거둔 사실에 놀라움과 존경심을 표했다. 이후 디즈니는 수많은 영화에 CG 기술을 투입했고, 수학이 영화에 얼마나 큰 영향을 미치는지 실감했다고 한다. 〈캐리비안의 해적〉, 〈정글북〉 등 디즈니에서 만든 수많은 걸작은 이렇게 탄생했다.

초현실 영화의 자연스러움과 현실감을 더하는 CG의 핵심 기술은 '유체 시뮬레이션'이다. 이는 움직이는 물체, 즉 물이나 연기 같은 유체들을 정

CG로 멋진 장면을 만들어낸 영화 〈캐리비안의 해적〉

확하고 세밀하게 표현하는 것이다. 이 기술에 따라 영화의 질이 좌우될 만큼 CG의 핵심 기술이라 할 수 있다.

유체 시뮬레이션을 만들기 위해서는 수학 공식인 '나비에-스토크스 방정식Navier-Stokes equation'이 사용된다. 이 방정식은 유체의 부피와 밀도, 압력의 관계를 편미분과 같은 수학식으로 나타낸 것이다. CG로 만들고 싶은 유체의 부피와 밀도, 압력 등의 각 항목에 수치를 넣으면 유체가 움직이는 방향이나 속도를 알 수 있다. 그리고 이렇게 나온 값으로 유체의 움직임을 예측할 수 있고 이를 통해 유체 시뮬레이션을 만들어낼 수 있다. 이렇게 만들어진 유체 시뮬레이션에 파티클 효과 Particle Effects와 같은 방식이 더해지면서 CG가 완성된다. 덕분에 우리는 영화를 보면서 이제껏 경험하지 못한 세계를 현실감 있게 체험하고 시각적 효과를 통해 더 큰 재미와 감동을 얻을 수 있다.

스탠퍼드 대학교의 로널드 페드큐Ronald Fedkiw 교수는 〈해리 포터와 불의 잔〉, 〈캐리비안의 해적〉 등의 특수효과를 연출해내는 데 이 방법을 이용했다. 그리고 그는 2008년 아카데미 시상식에서 과학기술상을 수상했다.

위대한 예술가, 혁명가, 발명가들은 늘 수학을 가까이했고, 수학을

사랑했다. 그들은 결코 자신들이 만들어나가는 새로운 작품이 수학과 동떨어져 있다고 생각하지 않았다. 또한 수학이 어렵고 복잡한 공식으로 이루어져 있다고도 생각하지 않았다. 지금 이 순간에도 수학은 '재미없는 학문'이라는 생각을 가지고 있는 사람이 있다면 이제는 생각을 바꿔보자. 수학의 본질은 맞고 틀리는 문제를 넘어 답을 찾아가는 과정에서 합리적이고 논리적이며 창의적인 사고를 기르는 데 있다.

잡스는 수학자들과 함께 자신의 위기를 풀어나갔고 마침내 그의 인생을 뒤바꾼 〈토이 스토리〉라는 결과물을 만들어냈다. 우리 또한 수학이라는 학문에 새롭게 접근해 지금까지와는 다른 방법으로 즐길 수 있는 방법을 찾는다면 어떻게 될까. 우리나라에서도 애플이나 〈토이 스토리〉를 넘어선 세계를 놀라게 할 만한 작품이 탄생하지 않을까?

48 누구나 가지고 있는 수학 DNA

수학 실력, 머리가 아닌 엉덩이가 결정한다

학생들을 가르치다 보면 이런 질문을 많이 받는다.

"수학은 노력인가요, 머리인가요?"

답은 짐작했겠지만 '노력'이다. '수학 머리'가 있고 노력까지 한다면 완벽하겠지만, '머리'로만 될 수 없는 게 수학이고, '노력'만으로 되는 것도 수학이다. 노력은 결코 우리를 배신하지 않으니 지금이라도 수포자가 되지 말고 다시 펜을 들어보자.

'1만 시간의 법칙'에 대해 들어본 적이 있을 것이다.

"하루 3시간씩, 10년을 노력하면 한 분야의 천재가 될 수 있다. 이것이 1만 시간의 법칙이다."

말콤 글래드웰Malcolm Gladwell이 자신의 책《아웃라이어》에서 한 말이다.

하루에 3시간씩 노력하는 것은 그리 어려워 보이지 않을지도 모르겠다. 하지만 이를 10년 동안 꾸준히 하는 것은 굉장히 어려운 일이다. 이 책을 읽는 여러분도 하루에 3시간씩만 수학에 노력을 쏟으면 수학 머리가 없어도 수학 천재가 될 수 있다.

《아웃라이어》에는 1만 시간의 법칙 외에도 '아시아인이 수학을 더 잘하는 이유'에 대한 글도 있다. 그 내용이 매우 흥미롭다. 글래드웰은 '언어의 차이와 벼농사가 아시아인이 수학을 더 잘하도록 만들어준다고 말했다. 과연 무슨 의미일까?

먼저 언어의 차이를 살펴보자. 예시로 숫자 4, 0, 8, 2, 6, 7, 5를 소리 내어 읽고 외우도록 하자. 한국인이나 중국인은 대부분 기억하지만 영어권은 그 가능성이 절반밖에 되지 않는다. 언어의 차이가 암기력의 차이를 만들기 때문이다.

"사, 영, 팔, 이, 육, 칠, 오."
"쓰, 링, 빠, 얼, 리우, 치, 우."
"포, 제로, 에잇, 투, 식스, 세븐, 파이브."

차이를 알겠는가? 그렇다. 영어권은 아시아권과 비교했을 때 숫자의 발음이 훨씬 길다. 그러니 암기력이 차이 날 수밖에 없다. 한국이나 중국, 일본에서는 대부분의 숫자를 0.25초면 발음할 수 있다. 하지만 영어는 0.33초로 아시아권보다 오래 걸린다. 숫자 발음 시간과 숫자 기억력에는 뚜렷한 상관관계가 있다.

게다가 한국과 중국의 숫자 체계는 매우 논리적이다. 숫자 십일(11)은 십(10)과 일(1)이고 십이(12)는 십(10)과 이(2)다. 그러나 영어권의 숫자 십일(11)은 텐ten(10)과 원one(1)이 아니라 일레븐eleven이라는 완전히 생소한 단어다. 십이(12) 역시 텐ten(10)과 투two(2)가 아니고 트웰브twelve(12)다. 이렇듯 11부터 19까지의 숫자는 1부터 10까지의 숫자와 혼동하기 쉬운 발음 체계를 가지고 있다. 때문에 한국과 중국의 어린이들은 미국의 어린이들보다 숫자 세는 법을 빨리 배운다.

그럼 벼농사와 수학은 어떤 관련이 있는 걸까? 벼농사는 총 9단계를 반복하는 1년의 농사다.

탈곡 → 발아 → 파종 → 논갈이 → 시비 → 모내기 → 김매기 → 물대기 → 수확 → 탈곡 … (반복)

그렇다. 벼농사는 끈기가 필요하다. 일한 만큼 수확량이 늘고 재배 과정이 굉장히 복잡하기에 정확성 또한 중요하다. 그러나 아직 이것만 가지고는 어떤 연관성이 있는지 알기 어렵다.

전 세계의 교육자들은 4년마다 초·중·고 학생들을 대상으로 각국의 수학 성취도를 비교한다. 본격적으로 수학 문제를 풀기 전에 부모의 교육 수준, 수학에 대한 생각, 친구들은 수학을 좋아하는지 등 기본적인 조사를 실시한다. 문항이 120개나 되는 탓에 학생들이 질문을 넘겨버리는 일이 부지기수다. 그런데 놀랍게도 이 질문지에 응답한 개수를 세어 나라별로 평균을 내보면 그 결과가 수학 성취도와 매우 유사하다고 한다. 학생들의 응답 개수가 많은 나라일수록 수학 성취도도 높은 것이다. 이는 끈기가 곧 수학 실력을 말해준다는 결과이기도 하다. 즉 의자에 엉덩이를 붙이고 앉아 책상에서 얼마나 오랜 시간 묵묵히 공부하느냐가 수학 점수를 결정한다는 뜻이다. 열심히 끈기 있는 엉덩이를 가지고 공부한다면 적어도 수포자가 되는 일은 절대로 없을 것이다.

계산기가 아니라 수학자가 되어라

어린이가 수학을 배운다는 것은 생각보다 힘든 일이다. 수라는 개념 자체가 추상적이며 아이들은 그 개념을 이해하기도 어렵다. 당연히 계산은 더욱 어렵다. 아이들은 어른과는 달리 문제를 풀 때 생각 자원이라 불리는 작업 기억working memory을 계산하는 데 전부 쏟는다. 그러므로 동시에 논리적인 사고를 할 여력이 없다. 수학을 배우는 것이 힘든 이유가 여기에 있다.

유창한 계산 능력은 수학에 있어서는 기본기와 같다. 때문에 일각에서는 어린 시절에 계산의 유창성을 가질 수 있도록 지도해주는 것이 무엇보다 중요하다고 주장한다. 초등학교 수학 교재에서 '무한 반복 연산법'이나 '기적의 연산법' 같이 연산 훈련을 강조하는 것도 이러한 맥락이다. 즉 기계적 연산 훈련을 통한 자동화를 목표로 하는 것이다. 연산이 자동으로 가능한 수준이 되면 문제 풀이를 위한 논리적 사고에 작업 기억을 쓸 여력이 생기기 때문이다.

암산에는 조기 교육이 필수다. 나도 어릴 때 주산학원에 다니면서 쌓은 암산으로 수학에 흥미를 느꼈고, 기본기 하나만으로도 꽤 오랜 시간 '수학 천재'라 불렸다. 계산력은 우리 뇌의 구조 중 해마와 관련 있다. 성인이 정확한 계산을 할 수 있는 것은 장기 기억을 사용하는 해마가 활동하기 때문이다. 하지만 아이들은 계산할 때 해마가 작동하지 않는다. 그러다 보니 계속해서 답을 외우지 못한다. 물어볼 때마다 손가락을 접어 수를 세거나 전에는 맞았던 답을 엉뚱하게 말하기도 한다. 그러나 이는 반복 학습으로 개선될 수 있다. 성인이 아닌 아이라도 여러 차례 계산을 반복하다 보면 해마가 활동하기 시작한다. 그리고 그 용량 역시 늘어나기 시작한다.

해마가 커질수록 계산은 빨라지고 오답이 적어진다. 그렇다면 이 해마를 발달시키는 가장 좋은 방법은? 그렇다. 바로 암산이다. 연구에 따르면 암산을 해본 적이 없는 아이의 해마는 암산을 해도 활동하지 않지만 암산을 계속 반복하면 단기 기억으로 저장된 답이 장기 기억으로 저장되어 급격하게 성인의 해마처럼 발달하기 시작한다고 한다. 특히나 유아기에 암산을 시작하면 해마의 크기 발달에 더욱 효과가 있다고 한다. 때문에 암산의 조기 교육이 강조되는 것이다. 이렇듯 계산력은 선천적인 것보다는 얼마나 암산을 많이 하고 계산을 반복했느냐가 차이를 만든다. 하지만 여기서 간과하면 안 되는 사실이 있다. 기계적인 연산 반복 훈련만으로는 절대 수학을 잘할 수 없다는 사실이다.

수학에서 연산은 일부를 차지할 뿐이다. 수학은 개념과 원리에 대한 이해를 바탕으로 한다. 그리고 이 개념과 원리를 문제 풀이에 적용하고 응용해야 하는 학문이다. 따라서 이 과정에서는 고차원적인 사고력과 논리력이 필수적이다. 이 모두가 하나의 조화를 이루어야만 한 단계 더 높은 수학으로 넘어갈 수 있고 수학을 잘한다고 할 수 있다.

일상생활을 하면서 우리가 고차원의 수학적인 문제를 맞닥뜨릴 일은 거의 없다. 수학적인 능력은 인간이 문명을 이루기 시작하면서부터 요구되었지만 이는 수백만 년에 달하는 인류 진화의 역사에 비하면 고작 수천 년에 불과할 뿐이다. 그러나 4차 산업혁명 시대를 맞이한 지금은 그 어느 때보다 수학에 능한 인재가 필요하다. 수학의 중요성은 날이 갈수록 더욱 커지고 있으며 수학을 포기하는 학생들은 그만큼 미래에 대한 선택의 폭이 줄어든다. 따라서 수학하는 뇌와 그 메커니즘을 하나씩 알아가는 일, 그리고 이를 위한 효과적인 교수학습법을 발전시켜가는 것은 미래세대를 위해서라도 반드시 필요한 일임이 분명하다. 수학은 결코 우리의 삶과 동떨어진 학문이 아니다.

수학은 우리를 더 건강하게 만든다

신체의 어떤 기관이든 똑같이 적용되는 원리가 있다. 쓰지 않으면 쇠퇴한다는 것이다. 근육은 쓰지 않으면 물컹한 물살이 된다. 심장은 움직이지 않으면 혈관이 막힌다. 기계도 마찬가지로 기름을 칠해주지 않으면 녹이 슬고 고장이 난다. 뇌도 마찬가지다. 규칙적으로 뇌 건강을 위해 훈련하지 않으면 녹슬어버린다. 평소 뇌를 감정적, 정신적으로 활발하게 사용할수록 뇌가 건강해지고 기억력 소실을 막는 데에 효과적이다.

두뇌는 우리 몸의 모든 부분을 관리한다. 복잡한 일을 해내야 하는 회사에서도, 적을 무찌를 전술이나 전략을 세워야 하는 전쟁터에서도, 또 일생에 한 번뿐인 사랑을 고백하는 순간에도 우리의 두뇌는 활발하게 활동한다. 그렇다면 이만큼 중요한 뇌의 건강을 위해 우리가 할 수 있는 것은 무엇일까? 많은 방법이 있겠지만 개중의 하나가 바로 수학이다. 수학 문제를 푸는 것은 우리 뇌를 건강하게 만드는 데 매우 효과적인 방법 중 하나다.

뇌 기능 향상에 관한 연구를 살펴보자. 실험자들에 수학 문제를 내주고 컴퓨터가 그들의 수학 능력을 측정해 뇌 기능을 확인하도록 한 연구가 있었다. 그 결과 실험에 참여한 모든 사람들이 뇌에서 신경세포와 가지돌기가 다시 자라나는 것을 확인했다. 여기서 더욱 놀라운 사실은 실험자가 정답을 맞히지 않았음에도 뇌에서 이러한 긍정적인 작용이 일어났다는 것이다.

이처럼 수학 문제를 푸는 것은 뇌에 자극을 주는 최고의 두뇌운동이라 할 수 있다. 어떤 사람은 성인이 된 후에도 하루에 하나씩 어려운 수학 문제를 풀어본다고 한다. 수학 문제를 푸는 과정이 마치 삶에서 문제가 닥쳤을 때 그것에 대해 사고하고 풀어나가는 과정 같아 즐겁다는 것이다. 그러니 수학을 배워야 할 시기가 지났다고 해서, 단순히 머리가 아프다는 이유로 수학을 공공의 적으로 여기지 않기를 바란다. 부디 두뇌를 위한 영양제와 같은 수학을 외면하지만 말고 적극적으로 활용하기를 권장한다. 큰돈이나 시간을 들이지 않아도 건강하고 활기찬 두뇌를 만들어주는 수학이라는 보약을 꼭 섭취하기를 바란다.

나의 수학 사춘기

초판 1쇄 발행 2018년 6월 25일
초판 2쇄 발행 2018년 7월 7일

지은이 차길영
발행인 이한우
총괄 한상훈
편집장 김기운
기획편집 김혜영 정혜림 **디자인** 이선미 **마케팅** 신대섭
연구 유미미 유수정 **검수** 김미선 송영지

발행처 주식회사 교보문고
등록 제406-2008-000090호(2008년 12월 5일)
주소 경기도 파주시 문발로 249
전화 대표전화 1544-1900 **주문** 02)3156-3681 **팩스** 0502)987-5725

ISBN 979-11-5909-645-7 04410
책값은 표지에 있습니다.

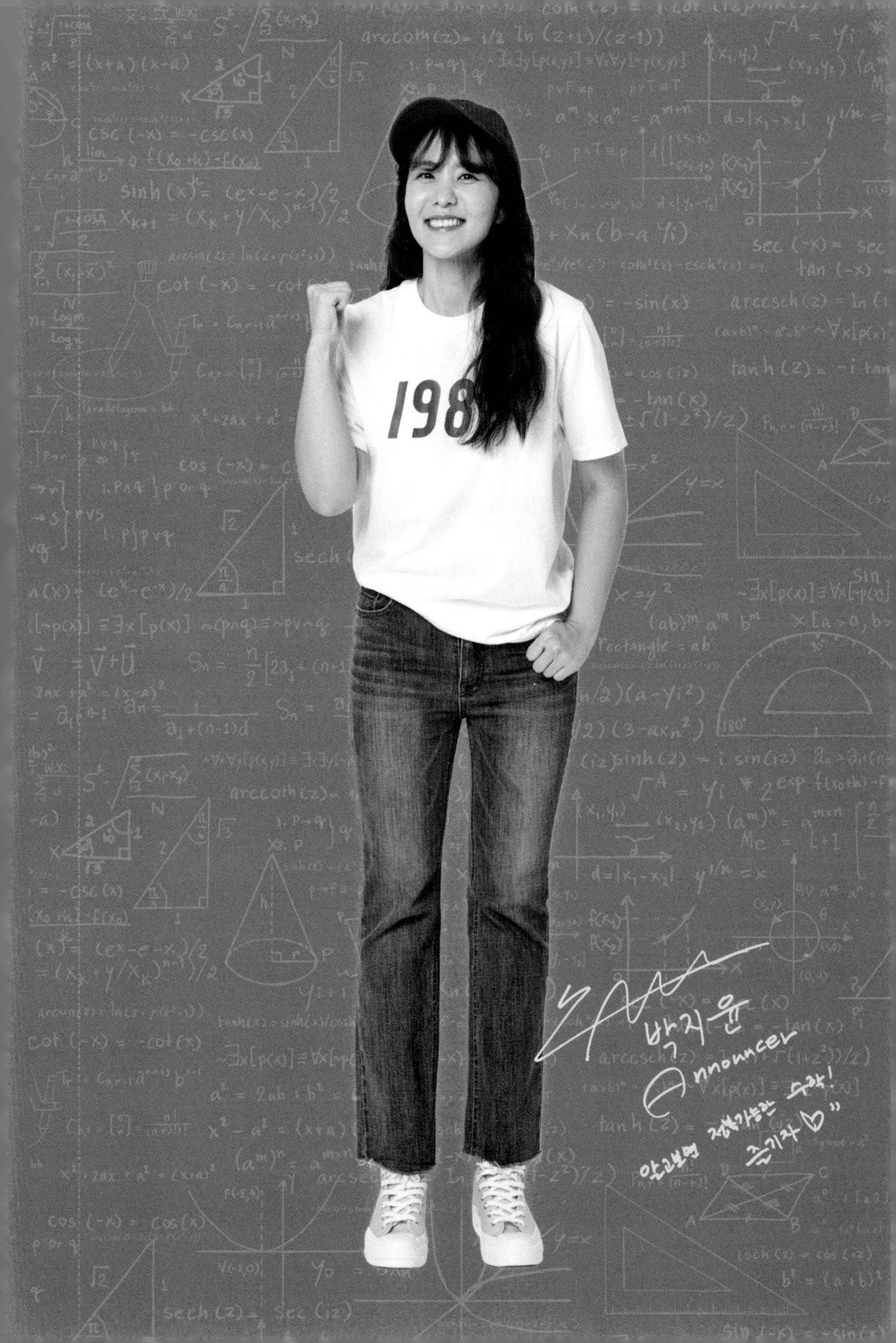
박지윤
Announcer
알고보면 정복가능한 수학!
즐기자♡"

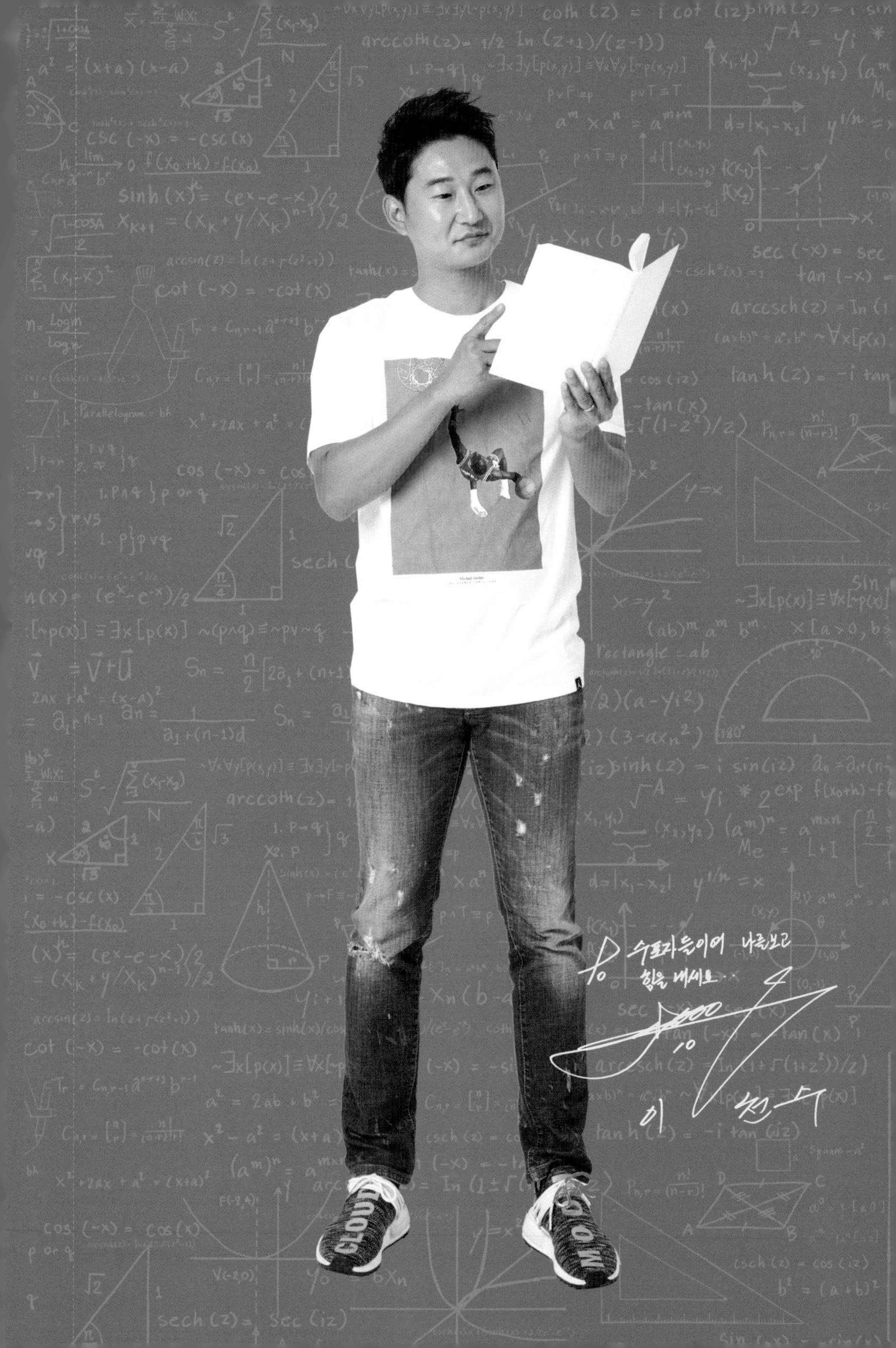
수포자들이여 나를보고
힘을 내세요..
이 현 수

더보이즈, 선우

Fighting!

수 : 수학
포 : 포기하지말고
자 : 자신감을 가져라!

수학, 저와 함께라면
누구든 할 수 있습니다.
수학의 마술사 차길영